U0236641

"十三五"国家重点图书出版规划项目

高等植物器官结构的建成

Constitution of Organs of the Higher Plants

多级次生节轴学说

The Multiple Secondary Axis Theory

颜 济 著

中国农业出版社
China Agriculture Press

前 言

农业是国民经济的基础，因为现今世界只能通过绿色植物的光合作用才能把光能（太阳是最主要的光源）进行转变，贮藏在由无机物合成的有机物中，生产出有机物质。在人类社会活动中，生存最必需的有机物质现今也主要通过农作物的光合作用才能生产出来。绿色植物光合作用生产的有机物质成为包括人类在内的所有生物的最必需的生活资料最基本的来源。在人类能够模拟光合作用利用太阳光能进行有机物质的人工合成以前，通过绿色植物的光合作用贮藏太阳能，把无机物转变成为有机物，必然还是唯一的有机物的生产途径。农业生产始终是国民经济的基础，即使人类彻底揭开了光合作用的秘密，能够进行人工光合作用生产有机物质贮藏光能，绿色植物仍然是物质世界的重要组成部分，仍然是人类生存的生态环境中物质循环的一环，对人类生存、生活至关重要。当然，这也是太阳能源耗尽而毁灭之前无法改变的现实。

农业生产以农作物品种为根本的生产资料，农作物品种的经济性状直接决定农产品的质与量，选育优良农作物品种也必然是提高农业生产力的最重要的途径。人类在农业生产过程中选育农作物的新品种，正如达尔文所总结的，是经过漫长的无意识选择的过程，认识到选择在选育新的更优良的品种中的作用之后，才进入近代有意识选择的育种科学时期。从而在近几个世纪的较短时间，把自然界中自然出现的、能满足人类所需要的优良遗传变异，在人工作用下筛选、集中、保存和利用了起来。如早期选育出来的一些闻名世界的作物与家禽、家畜优良品种，基本上满足了当时兴起的、蓬勃发展的、资本主义初期大农业生产的需要。

另外，在人工选择的实践过程中人们发现，有性杂交在它们的子代中会出现更多的变异，有利于选择；并且可以把不同的优良性状通过杂交在子代中结合在一起，开创了杂交育种的新时代。为了研究杂交后产生的遗传与变异的规律性，在19世纪的晚期建立了遗传学。

20世纪以来，随着遗传学、细胞遗传学与分子遗传学研究的深入，对生物体遗传、变异的基本规律有了比较深入的了解。人工诱发突变，以及染色体工程、DNA工程技术的研究与运用，开始使育种工作从等待天然变异与遗传重组的机遇进入到控制遗传变异的新的进程。通过杂交重组利用近缘种属资源，到基因提取人工转移的转基因技术，使基因资源的利用扩大到异科属以外的物种间，进而人工调整DNA的表达，改组DNA的碱基对制造新基因，创造出具有全新性状、自然界前所未有的优良作物。2012年，经美国联邦农业部（USDA）与食品及药品管理局（FDA）检测，先锋种子公司的转基因大豆新品种Plenish正式上市，标志用转基因技术调控DNA创造了大豆新品种。通过DNA调控，抑制大豆油生成代谢中关键酶——FAD2-1的活性，生产出自然界原来没有的全新优质植物油。它含有更多的油酸、更少的亚油酸与亚麻酸，具有更高的营养价值，更强的抗氧化性，更高的热稳定性。吃这种油可以降低血脂，用这种油炸的食品中致癌物质大大减少，因此是原有任何非转基因大豆无法比拟的。

人类对农作物品种从无意识选择到有意识选择，从杂交育种到转基因育种，经历了四大历程。第一历程人类经历了1万年左右。第二历程大约从17世纪开始，因为人类懂得杂交育种距今不到200年。转基因农作物出现在20世纪晚期。有了杂交育种才使人类懂得遗传变异的规律，有了遗传学基础知识的深入研究，才有转基因育种的应用。

另一方面，现代农业生产的要求，已不能再满足于等待新类型的偶然出现，而需要对“理想型（ideotype）”进行科学的设计，使育种学从统计分析、比较鉴定已出现的类型进入到设计创造更加符合生产需要的新类型品种的现代科学育种学的新境界。从而也就反映出与其他工程设计相类似的需要，即选育新的农作物优良新品种需要深入了解遗传物质从分子到染色体，细胞器到细胞，组织到器官，它们所反映、派生的生化、生理的所有过程，到形态构造的演变一系列的微观到宏观相互演变衔接的规律，才能根据这些规律来指导新类型的优良品种的科学设计，才能预见新型品种选育的可能性与器官构造及性状特性的合理性，才能决定创造这一新型品种的具体途径、步骤与技术方法。农作物生产是以农作物特定器官为主要产品，而不是所有器官，但是其他器官与产品器官是互有关联的。因此，优良农作物都是人为畸态植物。只了解遗传物质的初始分子构造与机制，而不了解遗传性状最终体现的器官演变的规律，以及由遗传物质初始机制在一定的环境条件下引发的生理、生化作用过程，到器官建成，是远远不能满足新的优良品种类型的设计工作的需求的。从器官演变的规律这一方面的一系列的基础知识来看，不深入了解就不能预见器官变异的可能性与可能的选育途径，就不可能制订有效的合理器官结构设计方案，以及对其有预见性地进行有关性状的有效选择；就不可能在新型器官性状出现之前预见它的出现，达到按设计方案选育出所需的新品种的目的。

研究植物器官构造演变的规律是现代植物发育形态学的任务。在现代育种学尚未进入新型作物构造设计以前，没有显现对这一科学分支的基础理论研究有这样的迫切需要，其与育种学的联系并不是太紧密。当育种学对新型品种的合理器官结构进行分析、设计与选育创造时，高等植物的器官形态学的理论就直接成为育种学这样一门应用技术学科必要的基础知识。但是很遗憾，在需要应用这样一门基础理论的时候，却发现这一门古老的植物学的现有研究水平不但远远落后于需要，同时现有的器官建造的理论联系到育种学客观实践也发现存在原则上的矛盾。客观实践是检验理论的唯一标准。实践揭示了高等植物器官发育形态学现有理论存在着不少谬误。只有深入研究，纠正这样一些理论上的错误，才能使新型品种设计有可靠的基础科学根据，才能在设计分析中有更多的自由。从这些实践中，笔者对高等植物器官形态构造单位问题与器官建造规律问题重新做审视分析研究。根据研究的结果，提出多级次生节轴学说来阐明高等植物的器官构造单位，反映器官建造的规律。

在“文化大革命”期间，笔者排除干扰，完成了两件大事：一是改变四川小麦低产与劣质的状况，选育出适合四川麦区的高产优质小麦品种。按改良聚敛杂交计划，历时5年，在1969年选育出抗条锈病高产小麦品种繁六及其姊妹系，使四川麦区公顷产量由3 000 ~ 3 750kg提高到5 250 ~ 6 000kg，最高纪录达7 500kg，上了一个台阶。聚敛多个抗性基因，抗条中17号到条中29号13个条锈病生理小种，20个生理型；选育强春性类型，缩短小麦第一形态发育阶段，使四川麦区的播种期由霜降推迟到立冬，减少了条锈病冬前感染，使抗条锈病高产小麦品种繁六及其姊妹系维持对条锈病的抗性20年，创造了世界纪录。为改良四川麦区小麦的面粉品质，引进并导入国外的优质面粉基因，于1970年育成适应四川麦区含优质面粉基因的种质资源70-5858。进一步设计出“70-5858×繁六”组合以改进四川麦区小麦的品质。为了提高选育概率，扩大选育群体，把这一组合提供给兄弟单位共同选育，在绵阳农业科学研究所选育出绵阳11，实现了改良四川小麦面粉品质的目的。为了弥补绵阳11不能抗穗发芽的不足，用强抗穗发芽的河南节节麦[*Triticum tauschii*（Cosson）Schmalh. var. *typicum*（Zhuk.）Yen et J. L. Yang] 与适合四川生态环境的简阳矮蓝麦（*Triticum turgidum* L. cv. ailanmai）人工合成含强抗穗发芽基因的新普通小麦。为改进穗粒结构，用黑麦（*Secale cereale* L.）小穗多、小穗粒数少的基因资源，转导到普通小麦中，研制出小穗可达37个的多小穗、少小穗粒数普通小麦材料“10－A”，从而为四川小麦进一步的改良打下基础。

另一件事是基本上完成了高等植物器官结构建成规律的研究、检验及初稿的撰写。这些研究、观察、思考基本上完成于被批斗与劳动改造间歇的“牛棚”中。十分感谢蒋雨竹冒着危险偷偷地借给我一台显微镜，杨俊良以及子女们暗地里给我提供必要的书籍与笔墨纸张，好心的看守对我“睁只眼闭只眼”地加以爱护。这一重要的研究成果，在1992年曾以“一个新概念：禾本科器官的基本性质——多级次生节轴学说”（The essential nature of organs in Gramineae，multiple secondary axes theory－A new concept）为题，简要地发表在《四川农业大学学报》第10卷、第4期上。但是，关于多级次生节轴是所有高等植物器官建造共同的基本构造，并没有比较详尽的阐释，许多观察研究的证据资料也未能较为完整地介绍给读者。因此，我在美国编写完成五卷集《小麦族生物系统学》之后，有了时间来继续完成这一研究的写作。我今年93岁，来日不多，争取在有生之年能修订完善并出版这一于“文化大革命”期间在四川农业大学“牛棚”中写出的初稿，从而为人类科学再积累一点新的知识，为自己人生画上完美的句号。

颜　济

2014年避开干扰修订于美国加利福尼亚戴维斯

2016年定稿于中国雅安

目 录

前言

第一章　高等植物形态学中关于器官建成的两种对立学说 …… 1

第二章　Saunders的茎的叶皮学说 …… 4

第三章　叶是裂轴 …… 8

第四章　顶枝学说理论依据的重新检验 …… 11

第五章　钩芒大麦、苦竹、毛竹、雀稗、马唐说明了什么 …… 16

第六章　高等植物的个体发育 …… 21

第一节　蕨类植物（Pteridophyta） …… 21

一、蕨纲（Filicopsida） …… 21

二、水韭纲（Isoetopsida） …… 35

三、石松纲（Lycopsida） …… 36

四、木贼纲（Sphenopsida） …… 43

第二节　种子植物（Spermatophyte） …… 49

一、裸子植物（Gymnosperm） …… 50

二、被子植物（Angiosperm） …… 62

（一）单子叶植物 …… 62

（二）双子叶植物 …… 77

第七章 高等植物器官建成 …… 100

第一节 一年生植物与多年生植物、草本植物与木本植物茎秆的建造 …… 113

第二节 叶、花的节轴演化形成，完成生殖功能的花与果实的机制 …… 117

第三节 理想株型——新型品种的器官设计 …… 122

结论 …… 132

主要参考文献 …… 135

第一章 高等植物形态学中关于器官建成的两种对立学说

形态学是植物学研究的基础学科，在18世纪以前，主要是描述植物器官的形态构造特征，为调查整理植物资源的分类学服务，在调查中也不断地丰富了植物器官形态特征的类型描述与记录。

对形态学本身来说，多种多样的器官形态的描述记录的积累，必然引起对各种器官的不同形态构造进行比较研究，以探求器官形态构造共性规律与同一的起源，以及特殊个性——变异。也就是回答植物器官形态演变的由来。

1790年，Goethe出版了他的*Versuch die Metamorphose der Pflanzen zu erklären*一书，标志着植物形态学这一新领域研究的开始。他的研究主要根据比较形态学的资料，第一次在植物学研究领域中确立了“形态学”（morphology）这一专用名词。按照Goethe 的理论分析，高等植物的器官是统一的，都是由其基本构造“叶”构成的。鳞片、花萼、花瓣、雄蕊、心皮都是不同的变态叶。叶下延成柄，柄联合成枝。花为变态枝。植物体有多个组成单位，即：一段一段的叶与柄；联合构成茎，并下伸成根。这样一个构造单位——“叶及其下伸的柄”，Gaudichaud（1841）称之为“Phyton”，Schultz（1843）称之为“Anaphyt”，统一译为“茎叶节”。由这样一种以叶性器官为构造单位一段一段地相互衔接构成高等植物个体的学说，称之为“茎叶节学说”。这个学说的立论也得到解剖学的维管束系统以及叶序分析的支持。这个学说认为茎与根是叶基部联合形成，是衍生构造，不是基本器官（Meúep，1832；Dolpinno，1883；Čelakovský，1901；Velenovsky，1905、1913。Hofmeister（1851）以他的著作中的设想（以*Equisetum*为例并且在所有高等植物中都同样是这样）也属于这一类概念。

与茎叶节学说相对立，基于原始化石蕨类与角苔等的一些研究，19世纪以来一些植物学者认为轴性器官是基本构造单位，叶是轴性分枝聚合与蹼连构成，是轴的衍生构造。

Krüger（1841）认为叶常常出现在生长点的下面，是茎的次生的侧生构造，植物唯一的基本器官是轴性器官。Bower（1884）提出茎是体轴的概念。Lignier（1903、1908）提出原始蕨类是无叶的二歧分枝的假说，并认为由于一侧优势分枝的发展而转变为合轴分枝的形式，弱势分枝转变成叶。基本器官是轴性器官，叶是由轴转变而来。Bower在1908年又提出他的“叶的突起学说”，认为石松一类植物的叶，是在茎的侧面形成一种刺状突起再演化成为扁平的叶，再进一步由中柱分出维管束伸达扁化叶的基部，最后演化为伸达叶尖的单脉构造。Lang（1931）与 Bower（1935）更认为*Psilophyton* 代表刺突型发展阶段；*Thurstophyton*代表扁化叶发展阶段；*Asteroxylon*代表维管束伸达扁化叶基部发展阶段；而*Arthrostigma*代表维管束伸达叶尖发展阶段。

高等植物器官的轴性起源的观点在Zimmermann（1930、1938）的顶枝学说中发展成为裸蕨模式起源的概念。他根据裸蕨类植物的化石资料提出直立茎秆与莱尼蕨（*Rhynia*）相似的构造，称之为顶枝（telome），顶枝下的枝秆称为中秆（mesome）。顶枝与中秆构成顶枝束（图1-A）。一个顶枝束可以是不育枝，也可以在顶枝顶端形成孢子囊构成能育枝。顶枝学说认为二歧分枝的顶枝束由越顶（uebergipheling）形态转变成为合轴分枝构造（图1-B）。优势合轴形成茎秆，弱势枝因退化（reduktion）而停止继续伸长，并因聚合作用（aggregation）而成一密集的顶枝束（图1-C），并排列成一平面，枝间由薄壁细胞连接生长成一蹼状构造，这种经蹼连作用（syngenie）连接形成的扁平密集顶枝束构成大叶（图1-D），聚合的顶枝束则构成大叶的叶脉。因此，顶枝学说认为原始的叶脉应为二歧分枝开放式的叶脉，叶脉就是茎秆的直接延伸，与茎秆是等同的。

顶枝学说认为石松类的小叶也是由单一的顶枝扁化构成，而与 Bower 的突出说不同。

按顶枝学说，合轴弱枝退化、聚合、扁化、蹼连构成的大叶，其叶序最原始的应当是互生，由聚合而形成对生。腋芽也是顶枝因聚合位置下降到叶腋位置而构成。孢子囊在顶枝尖端形成，当演化成叶时，大叶中最原始的类型孢子囊应位于叶缘脉端，但在石松类小叶中，则由单一能育顶枝聚合构成叶上着生位置。

按顶枝学说的解释，木贼类的孢子叶或孢子囊柄应当是二歧分枝的顶枝外弯并相互融合形成，而苞片则认为是顶枝束中不育枝转变形成（Scott，1900）。

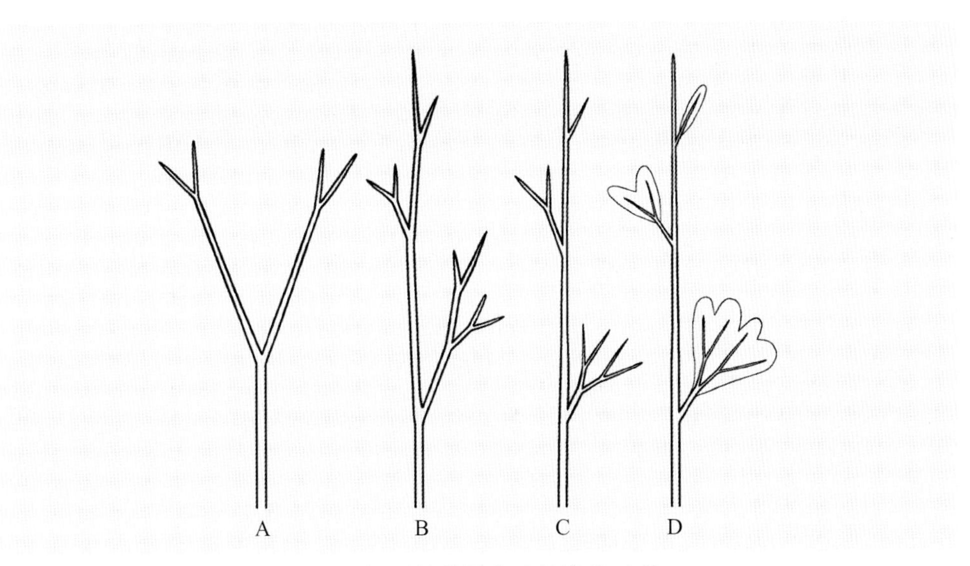

图1　按顶枝学说大叶的演化过程

A. 由顶枝与中秆构成的顶枝束　B. 二歧顶枝一弱一强形成越顶并转变为合轴　C. 侧枝中秆短缩形成聚合　D. 侧枝平展蹼连构成大叶

主张顶枝学说的Smith（1955）无法回答木贼类的轮生叶是如何演化来的。按顶枝学说，无法解释，他只好说："目前还不清楚"。楔叶蕨（*Sphenophyllum*）及其近缘的植物具无柄而有二歧分枝叶脉的楔形叶，这种叶似乎是一种叶状枝。很多木贼类系列的植物可以见到有单叶脉的不育叶，也许这是一种不育叶状枝退化的形式。

目前高等植物器官形态学中关于器官构造单位与基本形态构成，主要就是上述两种对立观点。虽然部分研究者有一些大同小异的分歧，总的来说，无非是以叶性器官为基本构造单位，分节段构建的茎叶节学说，以及与它相对立的轴性器官由基向顶延续生长不分节段的顶枝学说。目前，顶枝学说为多数人采纳，在形态学中占有主导地位。

第二章 Saunders的茎的叶皮学说

1922年，剑桥的Edith R. Saunders在*Annals of Boteny* 36卷上发表一篇题为“The Leaf-skin Theory of Stem：A consideration of certain anatomico-physiological relations in the Spermophyte shoot”的论文。在这篇论文中提出的“茎的叶皮学说”是他在研究*Matthiola incana*幼苗的毛的遗传时发现了这个问题。以后又观察研究其他的种子植物而得出的这样一个概念，所有种子植物的茎轴外层都是叶柄向下延伸包裹着茎轴并相互愈合构成的。他认为一些蕨类植物可能也是这样构成的。在这里之所以突出介绍这一学说，是因为它的立论是以客观实验依据为基础的。

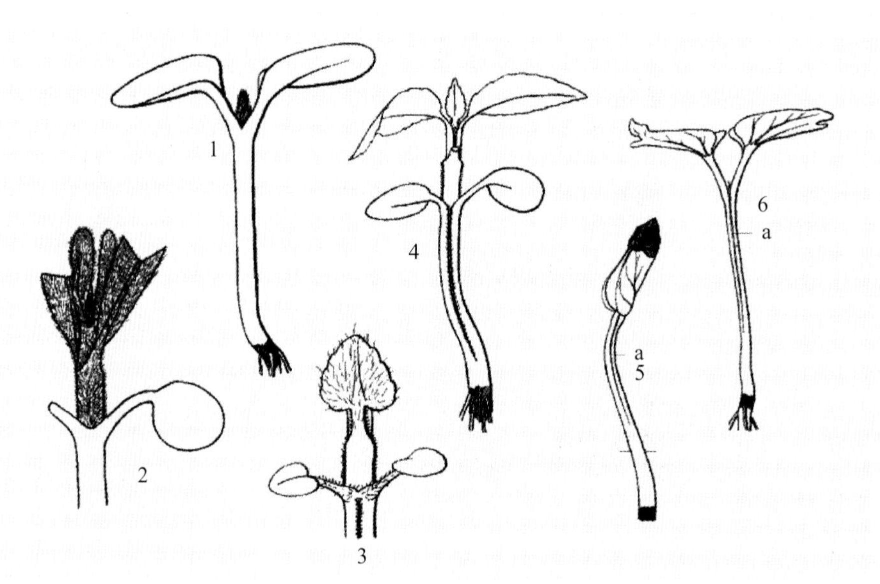

图2 双子叶植物的幼苗，示子叶、真叶、下胚轴、节间的叶皮关系

1. *Matthioloa incana*幼苗，示光滑无毛的子叶与下胚轴及有毛的胚芽 2. 较大时期，下胚轴下部与一片子叶以及第1对真叶上部切除 3. *Veronica hederacfolia*幼苗，示下胚轴子叶延伸的边沿有一行毛 4. *Lopezia coronata* 幼苗，示下胚轴与节间具有相同的形态 5. *Ipomoea sanguinca* 幼苗，示子叶向下延伸在下胚轴上形成明显的沟槽（a 所指） 6. 同5，子叶已张开的较大时期

（引自Saunders，1922，Fig. 1 ~ 6）

Saunders 在*Matthioloa incana*的幼苗上观察到下胚轴与胚芽不一样，没有毛，而它的形态特征与子叶一样。进一步在其他植物的幼苗上发现具有类似的现象，如*Veronica hederacfolia*幼苗，下胚轴子叶延伸的边沿有一行毛；*Lopezia coronata* 幼苗，下胚轴与节间具有相同的形态；而*Ipomoea sanguinca*幼苗，子叶向下延伸在下胚轴上形成明显的沟槽（图2）。他认为是子叶向下延伸包裹茎轴构成下胚轴的外层。子叶以上的茎秆也是通过叶柄下伸构成茎皮包裹着茎轴（图3、图4）。

根据观察与研究，Saunders得出19条结论，综合起来可以做出如下的概述与说明：种子植物茎轴的表面组织起源于叶，也就是说，叶向下伸长不仅是一些明显实例是这样，全部种子植物都是如此。这种表现至低限度在蕨类植物上也同样如此。在这些物种中，下胚轴的外层组织也是子叶延伸而来的，因此它的外层特征与子叶相同。叶皮是叶原基向下生长并且延伸与茎轴相愈合，构成髓部（pith）的外层。这些延伸连接的边沿可能相互对得很准或者愈合非常深，外表显示没有痕迹，或者显示其边沿的特征以及不同形式的分界（例如脊、沟槽、毛线或颜色）。当叶插入完全包裹茎秆（例如大多数的单子

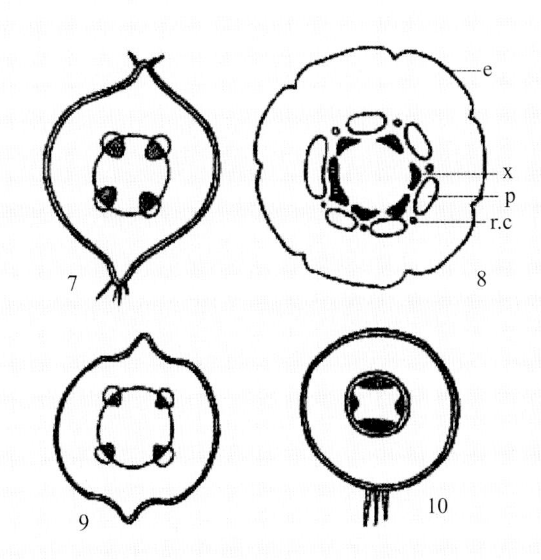

图3　双子叶植物幼苗茎的横切，示叶皮及中轴的关系

7. *Rucllia amocna* 下胚轴横切，示子叶向下延伸的叶皮边沿隆起成脊被毛　8. *Pinus maitima* 下胚轴(e. 表皮；x. 木质部；p. 韧皮；r. c. 树脂道）　9. *Rivina humilis* 下胚轴横切，示与*Rucllia amocna* 相似的构造，但是没有毛　10. *Stellaria media* 节间横切面

（引自Saunders，1922，Fig. 7 ~ 10）

叶植物以及少数双子叶植物），或叶对生或轮生插入部侧面相接（例如许多双子叶植物以及一些松柏类），每叶下伸限于一个节间；对生叶，下伸部宽度抱茎不到1/2（特别是一些具四棱茎秆的双子叶植物），叶下伸达两个节间。螺旋排列的叶序，下伸部分宽度不到抱茎周线，下伸节间数视叶距与叶插入宽度而定（图5）。

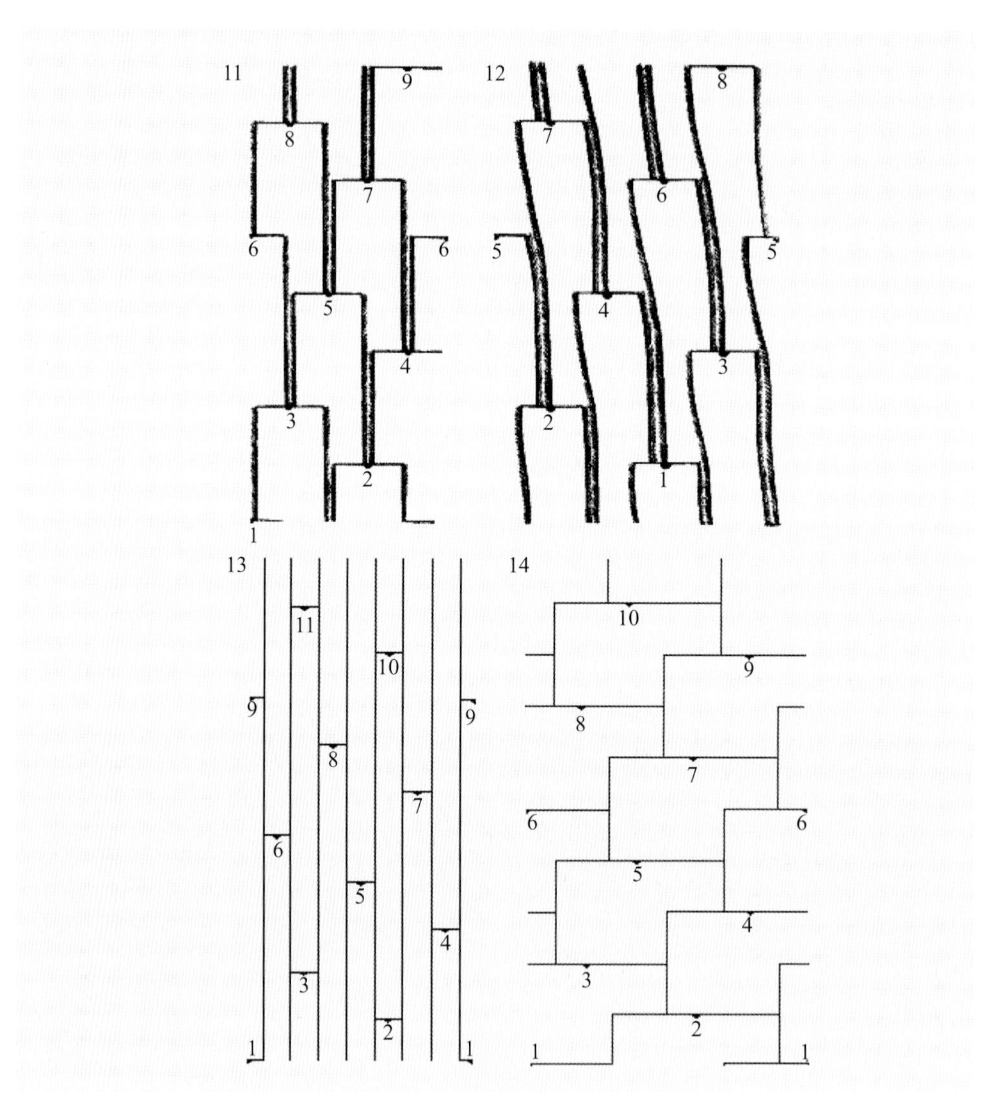

图4 双子叶植物的叶序模式图，顺轴向纵剖平展

11. *Veranica hederaefolia*，叶偏离（leaf - divergence）2/5，叶插入（leaf -insertion）2/5 12. *Loperia coronaia*，叶偏离（leaf - divergence）2/5，叶插入（leaf -insertion）1/5，图形显示偏斜 13. *Reseda odorata*，花茎 14.苞片偏离（bract - divergence）3/5，苞片插入大约1/2

（引自Saunders，1922，Fig. 11 ~ 14）

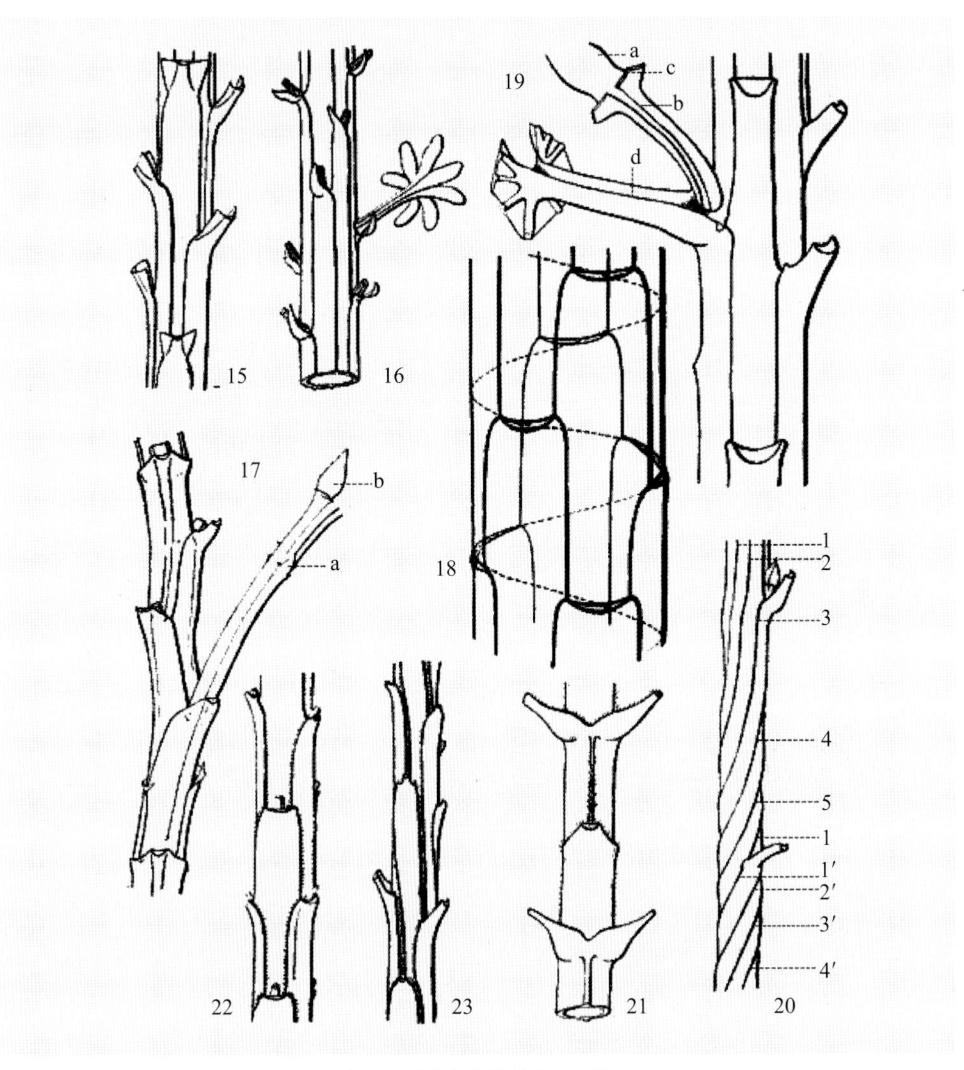

图5 双子叶植物的叶序

15. *Reseda oderata*，无性生长轴，叶偏离（leaf - divergence）2/5，叶插入（leaf -insertion）大约1/5 ~ 2/5 16. 同种花轴，叶偏离（leaf - divergence）3/5，近于2/5，花梗显示花萼延伸 17. *Viola tricolor*，显示苞片与花萼延伸的轮廓线（a. 苞片；b. 花萼下部，附属部切去） 18 ~ 20. *Calystegia dahurica* [18.茎秆透视图，叶序如同*Reseda oderata*（图15）；19.未开花芽（a）及苞片轮廓线（b），其上部已于c处切去，d为花芽下叶柄；20.扭转的叶皮] 21. *Epilobium parviflorum*，子叶光滑无毛，下胚轴边沿无毛，叶柄具纤毛，节间边沿线具毛 22 ~ 23. *Lopezia coronata*，显示叶向下延伸边沿具一行毛：22. 茎下部叶对生；23. 茎上部互生叶序螺旋排列

（引自Saunders，1922，Fig. 15 ~ 23）

总的来说，Saunders认为叶是一个独立的器官，茎的外层是叶向下的延伸，基本上是茎叶节学说的概念。所不同之点是他认为还有一个连续生长内在的茎轴，叶的向下延伸只是作为茎的皮层而存在。

第三章 叶是裂轴

在普通小麦（*Triticum aestivum* L.）中，经常在穗子的小穗下的节上又生长出一个小穗（图6、图7）。这种在小穗下再生长出来的小穗，称之为“复小穗”。重要的是，这种小穗可能处于不同的演化阶段，从而表现为不同的形态，包括从节上一个小突起进一步发展成为一根小的芒刺；从小芒刺发育成一粗壮的芒（轴）；粗壮的芒膨胀为一扁化的舌状构造，强化了光合作用叶性功能。这种舌状叶继续膨大增加表面面积而成为一中空具有内腔的囊状构造，再进一步膨大而开裂，平展成为颖（相当于一片绿叶）。由一个轴性构造膨大开裂而成为叶性器官，显现出十分清楚的演化历程。第2个生长点发生在它的内腔底部，第2个生长点按相同的步骤演化出第2个颖。再以相同的演化程序而构成复小穗，相当于一个“枝”。这一系列演化阶段清晰地呈现出来的客

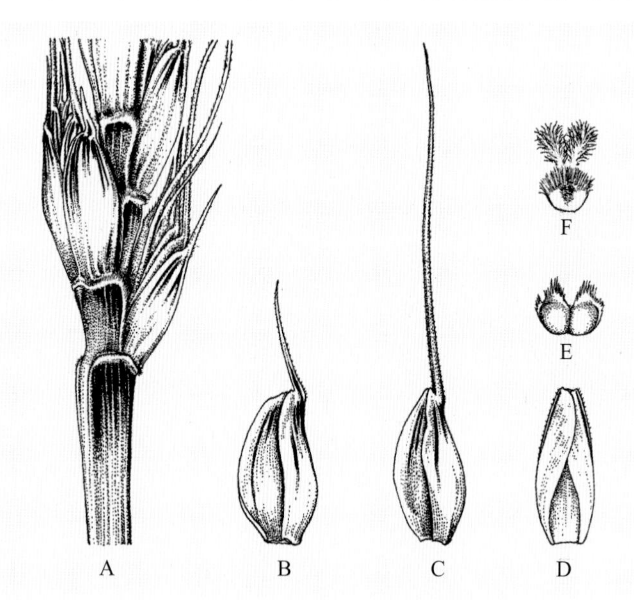

图6 *Triticum aestivum* L. 穗部器官

A. 穗下部，示穗轴及小穗的形态构造（图中清晰可见上一节间包含在下一节间中，以及节的复合构造） B. 颖 C. 外稃 D. 内稃 E. 鳞被 F. 雌蕊

观实例，与茎叶节学说及顶枝学说的阐述都不同。器官是轴性起源，这与茎叶节学说不相同。茎不是一个轴的延伸，而是多个再生轴的联合，这与顶枝学说不相同。叶是裂轴这样一个客观存在的事实，与所有现有学说完全不同。高等植物的器官究竟是如何构建形成的，必须做进一步深入研究。

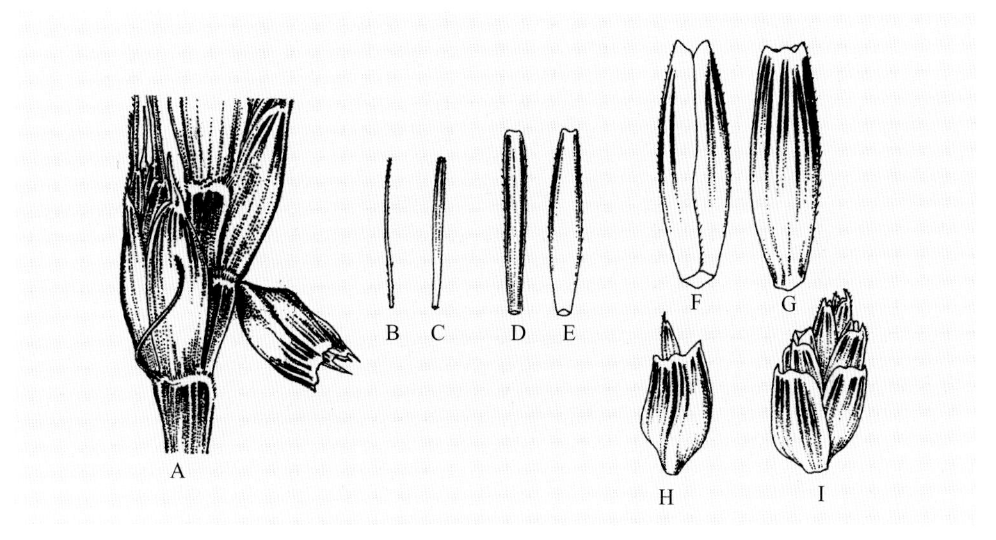

图7　*Triticum aestivum* L. 的复小穗

A. 具复小穗的麦穗一部，示复小穗着生的位置　B. 芒状（轴）复小穗　C. 扁化扩展的复小穗　D. 进一步扩展中部形成细小内腔的扁化复小穗　E. 再进一扩展呈不开裂的囊状复小穗，具有大的内腔　F. 开裂的囊状复小穗腹面观　G. 开裂的囊状复小穗背面观　H. 在第1颖的内腔底部形成第2颖（第2节轴）的构造　I. 发育完整的复小穗（枝）

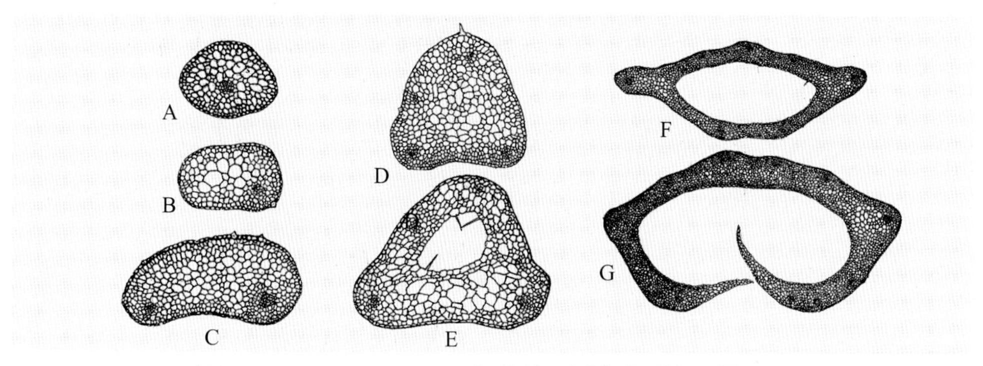

图8　*Triticum aestivum* L. 复小穗不同发育时期的横切面

（示轴性到叶性器官的不同发育阶段的演变过程）

A. 芒刺状时期，发育粗壮良好的内心中央形成单一的维管束　B. 初步扁化扩展的芒刺状复小穗，中央维管束移向棱脊，在另一棱脊内也形成初步分化的维管束状组织　C. 扁化扩展的芒刺状复小穗，在两棱脊内形成两束维管束　D. 进一步扩展的扁化复小穗，中央形成细小的内腔　E. 再进一步扩展的扁化复小穗，其内腔进一步扩大，并出现毛状细胞　F. 囊状复小穗具有巨大的内腔　G. 囊状复小穗开裂成颖，完成由轴到叶的演化转变

从上述小麦复小穗发育过程的形态演变的实例来看，叶性器官显然是由轴的膨胀、开裂、平展而形成的，茎显然是各个次生节轴相互衔接联合组成，叶是裂轴起源，虽然复杂的叶它可能由多个开裂与不开裂的节轴复合构成，但是裂轴是它的基本特征。器官的轴性起源，这一点与顶枝学说是一致的，而叶的形成与顶枝学说有原则的不同。茎是分节段联合相互连接组成，看似与茎叶节学说有相似之处，但它们是轴性起源的裂轴构造，与茎叶节学说有原则区别。茎是由分节段的次生轴联合构成，也与顶枝学说有原则的不同。小麦复小穗的发育过程是叶裂轴的直接证据。如从图6-A的穗轴上，也就是茎秆，可以清晰地看到上一节间包含在下一节间之中，茎是分节段的。图7所显示的复小穗不同发育构造：B与C是不容置疑的典型的轴性构造；D与E显示它的扩张、膨大、扁化，是它进一步的演变；F与G显示膨大导致开裂，构成原颖；H与I显示进一步发育成为复小穗。第1颖以上的小穗叶性器官都是在裂轴内腔底部重新形成的次生节轴按同一模式、一个一个地生长构成，裂轴内腔底部也是生长素聚集处，促成次生生长点的形成也是合理的。从图8可以清晰地看到由轴到叶裂的发展过程，以及由单一的维管束到多数维管束的发展过程。维管束是次生的，这是客观存在的事实，是不容置疑的直接证据。

第四章　顶枝学说理论依据的重新检验

顶枝学说以裸蕨植物*Psulophyta*与原生蕨*Protopteridales*的化石为依据。这些化石是客观存在的，客观存在本身不会有什么矛盾，矛盾是人对这些客观存在的认识如何。矛盾存在于人的主观认识，而不是客观存在的本身。

种子植物导源于蕨类植物有许多证据，观点比较一致。系统演化上问题的焦点在蕨类植物的起源上。顶枝学说也就是建立在蕨类演化问题上的器官构成问题。

蕨类起源于藻类（褐藻，Church，1919；Arnold，1947；或绿藻，Bohlin，1901；Lotsy，1909；Fritsch，1916）与苔藓两种不同的观点，但目前更多的证据显示与苔藓的亲缘更近。提出顶枝学说的Zimmermann（1930、1938）主张蕨类植物与苔藓植物有紧密的系统发育关系，认为它们同起源于十分原始的颈卵器型陆生植物，后再分途演化。主张裸蕨是最原始的蕨类植物的顶枝学说的支持者认为蕨类植物与角苔类关系密切，具叶状配子体构造，孢子体或胚胎部分寄生在配子体上，具异形世代交替史。

Campbell D. H.（1899）曾指出，角苔孢子体具无限生长能力，有高度发育的同化组织，且与蕨类完全独立的孢子体十分近似。角苔孢子体有相当的独立性，其基足可以伸展成像根一样地伸入土中，并具有特殊的同化器官或发展成叶。Campbell（1924）在报道中指出，当角苔生长在非常优良的环境条件下，它的孢子体的顶端上有一个有限的形成孢子的结构，同时在柱轴下面的部分分化成输导组织。他认为角苔位于孢蒴轴性构造基部的分生组织区，如果从基部转移到顶端，分生组织区在发生二歧分裂形成二歧分枝的同时，枝端形成有限的孢子囊结构，就转变成为莱尼蕨（*Rhynia*）一样的形态构造。但这样的转变设想完全是以毫无客观实际标本为论据的推测。

Smith（1955）还指出蕨类的性器官与角苔有许多相似之处，如性器官都包埋在配子体内，颈卵器不具柄，且角苔的颈卵器与精子器的构造与现代蕨类，如裸蕨门的松叶兰（*Psilotum*）以及*Tmesipteris*非常相似（图9）。因此认为裸蕨是联系苔藓植物的最原始的蕨类植物。

顶枝学说还有一个重要论据是裸蕨植物的古老性。地层中发现的最古老的蕨类植物是裸蕨类植物，可以追溯到志留纪。而在泥盆纪繁茂地生长，具二歧分枝，无叶、无根，仅具根状茎与气生茎，顶端具一孢子囊的*Rhynia*被认为是最原始的模式构造（图9）。但是这种被认为是最原始的蕨类植物在客观上却并不是最古老的蕨类植物。从裸蕨门植物来看，最古老的是有叶的*Zosterophyllum*，它分布在苏格兰到澳大利亚中志留纪的广泛的地层中，其孢子囊倒生或呈穗状聚生在枝端。与它处于同一中志留纪的澳大利亚地层中还有另外一种有叶的石松类化石，它属于原生鳞木科（Protolepidodengraceae）的*Baragwanthia longifolia*。另一种原生鳞木科植物*Protolepidodendron*与*Rhynia*生活在同一时期，中泥盆纪或下泥盆纪，其分布范围远比*Rhynia*广泛。*Rhynia*只在苏格兰一个泥盆纪的地层中发现，而*Protolepidodendron*除苏格兰外，在法国、捷克波希米亚及美国东部都有发现。这就说明裸蕨门，特别是*Rhynia*不是最古老的蕨类植物。有叶的*Baragwanthia*至低限度与最古老的裸蕨类*Zosterophyllum*是同时代的植物。与其说古老的有叶的*Baragwanthia*是更晚期出现的无叶的*Rhynia*演化而来，倒不如说无叶的*Rhynia*是更早出现的有叶蕨类的叶退化而来。

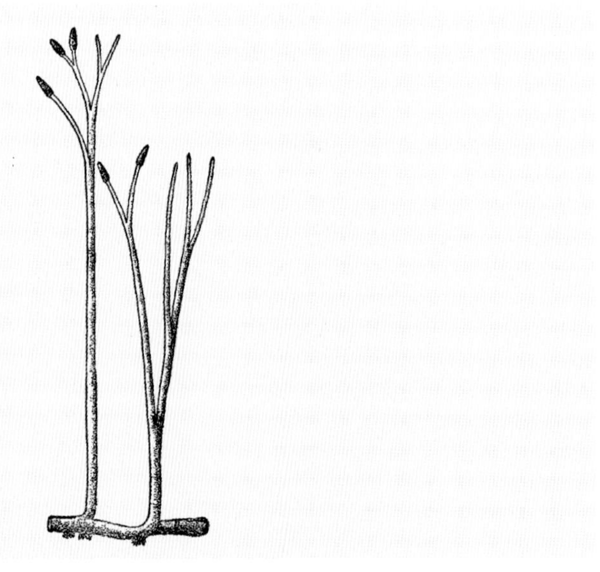

图9 *Rhynia major* Kidston et Lang
（引自Smith，1955，图96；根据Kidston and Lang，1921）

如果说蕨类是由角苔类共同的远祖演化而来，然而无论是有叶还是无叶的古代蕨类植物，它们的形态构造与角苔之间还是有很大的差异。这些远古蕨类的构造远比角苔复杂。在中志留纪地层中同时出现多种有叶以及稍晚出现不同无叶的化石蕨类植物，也说明它们与其远祖之间还有许多演化的历程未被发现，它们都不应当是最古老的蕨类。化石记录是不完整的，这些古老蕨类与角苔类型植物之间一定还有未发现的一段失落的环节。

再从现代属种的裸蕨门植物来看，无论*Psilotum*还是*Tmesipteris*都是有叶的，虽然*Psilotum*的叶很小，呈鳞片状，但是*Tmesipteris*的叶是相当大的。说明裸蕨门植物主要也是有叶的（图10）。虽然它是一种所谓的“小叶”，而不是顶枝学说所说的大叶，即不是顶枝学说臆定地由顶枝束聚合、平展、蹼连等形态建造构成的。但是，由顶枝束聚合、平展、蹼连是一个没有任何客观实例为证据的想当然的臆定模式。叶应当是没有所谓的“小叶”与“大叶”之分的，只有发育大小与构造繁复程度的不同。

从裸蕨门的构造与鳞木门的原生鳞木科（Protolepidodengraceae）化石资料相比较来看，把裸蕨门的无叶类群看成是有叶类群退化的表现，也是说得通的。

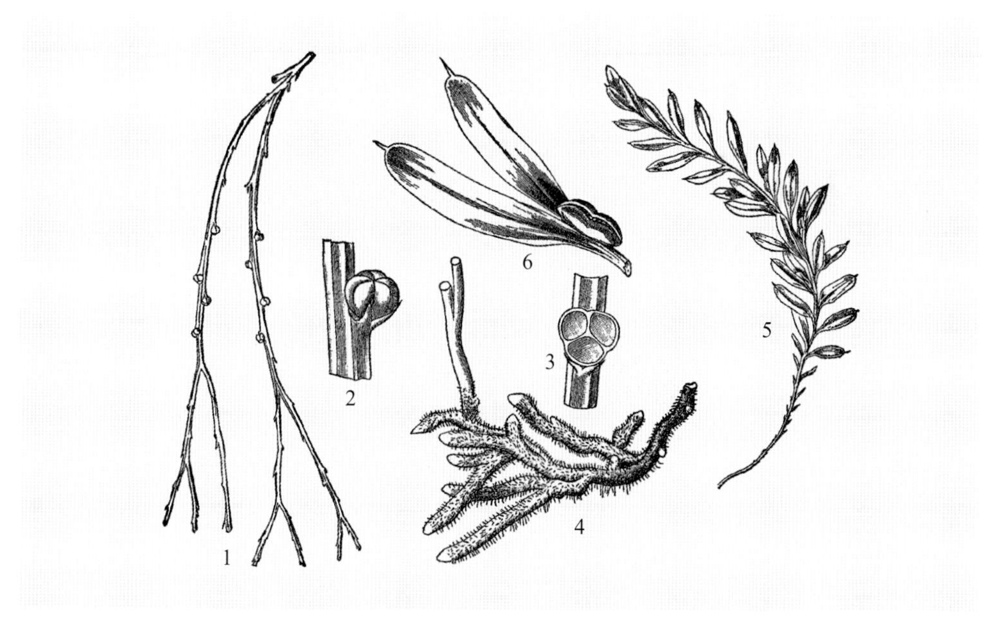

图10 *Psilotum nuduj* 与 *Tmesipteris tanneusis*

1. *Psilotum nuduj*悬垂生长的枝 2. *Psilotum nuduj*孢子囊着生于二裂的叶腋 3. *Psilotum tanneusis*孢子囊横切，示囊内三室 4. *Psilotum nuduj*根茎 5. *Tmesipteris tanneusis*具叶片的枝 6. 着生于二裂叶腋的孢子囊

（引自池野第三一六图，Weitstein原图）

从*Tmesipteris tanneusis* 的幼苗构造来看，其气生枝最基部具二叶或轮生三叶，茎端生长点位于叶腋中央，由于不平衡发育造成上端叶成为互生叶序。无论*Psilotum triquetrum*的三联孢子囊短枝 或是*Tmesipteris tanneusis* 的孢子囊都是腋生的，说明其分枝的腋生性，而不是顶枝学说所说的生长点分裂构成的二歧分枝。但却与多节次生节轴的形态建造模式相一致。

原生蕨*Proeopteridum minutum*与 *Cladoxylon seceparium*的“大叶”完全可以看成是多级次生节轴裂展形成的简单叶。与原生鳞木*Protolepidodendron scharyanum* 的分杈“小叶”是完全相当的。按多级次生节轴学说来看，与一般真蕨（Pterophyta）幼苗的第一叶，也就是一般常说的子叶是一样的简单叶。这样的看法也是无可反驳的。

*Protopteridum minutum*的孢子囊在叶端，按多级次生节轴学说的观点来看也不是原则上的问题。孢子囊着生的位置应当是生理因素在起主导作用，着生的位置由不同物种的生理遗传特性主导。*Protolepidodendron scharyanum* 的孢子囊着生在能育叶的叶面中央维管束通过的地方，而不在叶尖，也不在叶脉顶端。认为孢子囊位于枝端为原始形态结构是顶枝学说的主观论点，它是以*Rhynia majar* Kidston et Lang 作为蕨类最原始的模式，再以主观构想的顶枝聚合、蹼连臆测建立起来的主观认识。

无叶类群的裸蕨植物完全可以看作是有叶类群叶裂退化的演化旁支。这种退化实例在高等植物中是屡见不鲜的。按顶枝学说是无法解释小麦复小穗的发育形态发展过程所显示的叶的裂轴性与次生轴的腋生性（形成于内腔底部），无法解释茎的多级联合构造。而多级次生节轴学说却可用叶裂退化来解释无叶裸蕨植物的形态构成，由于叶的退化叶迹随之消失，相互衔接联合的次生节轴则在形态外观上失去节段的特征而成为连续的整体外观。古代的裸蕨植物，缺乏个体发育配子体幼苗时期的化石资料。现代类群，如*Psilotum*与*Tmesipteris* 的幼小配子体最初是没有叶绿素的，在地下营腐生生活，或与藻菌共生呈菌根退化式的营养型生活。因此也不能认为它们是最原始的蕨类植物。

按顶枝学说的主观推论，越顶形成的“大叶”是互生的，也就是最原始的；对生是次生性的，是由互生聚合形成的。这也与所有观察到的个体发育的实例相矛盾。所有的高等植物的个体发育，除单裂叶裂植物外，互生叶序都是对生或轮生叶序因发育不平衡等，一侧螺旋上升而构成互生叶序，或者对生叶一叶退化而构成互生。包括现今的裸蕨植物*Psilotum* 与*Tmesipteris*在

内都是如此。面对这些客观事实，顶枝学说是无法解释的。

按顶枝学说的主观推论，维管束中轴是原生性的，在二歧顶枝越顶后，侧枝聚合成叶脉，再蹼连成叶，叶脉先于叶形成。这与所有观察到的高等植物叶的个体发育是背道而驰的。所有高等植物叶的个体发育在叶芽初期是没有维管束的，只有薄壁细胞，在叶原基基部开始形成维管束组织并向两极分化，向顶逐步形成叶脉，向基与下一节位的维管束联合构成茎的中轴。

早在1949年，Gamus 的实验就表明嫁接在胡萝卜肉质根上的芽诱发肉质根的薄壁组织分化形成原形成层，应用人工合成的生长素处理胡萝卜肉质根的薄壁组织也能诱发分化形成原形成层。清楚地说明薄壁组织分化形成原形成层是在糖分存在的前提下生长素（auxin）起的作用。也就是说在一定浓度的生长素集聚下，可诱发薄壁组织分化形成原形成层再发育成为维管束。叶芽中合成的生长素向下传输集聚在叶芽基部就引起维管束的形成。叶脉是高浓度生长素流迹引发的组织演变，它可以呈平行状，也可以汇合呈二歧分杈状，还可以汇合呈网状。这也就好理解了。

从现代植物生理实验研究的结论来看（R. H. Wetmore and S. Sorokin，1955；J. G. Torrey and K. V. Thimann，1972），维管束的分化是植物生长素与蔗糖（sucrose）的作用，它们的存在与浓度决定维管束分化的质与量。同时，实验也证明细胞分裂素类（cytokinin）与赤霉素（gibberellin）对木质部分化起决定性的作用。维管束也好，木质部也好，都是初生薄壁组织在一定化合物诱导下演化形成的次生构造。这些次生输导特化组织使多级次生节轴连接成一整体，成为一个生理调节一致的复合个体，这个复合个体称之为“茎秆”。任何一株高等植物，无论它是草本、灌木或者是乔木，它们的茎秆都是这样的一种次生构造。

第五章　钩芒大麦、苦竹、毛竹、雀稗、马唐说明了什么

在大麦中有一些特殊的具有畸态颖芒的品种，通常称之为“钩芒大麦”。如图11所示，它的不同发育演化的各个阶段展现了禾本科的叶是一个裂轴上又生长出多个次生节轴相互愈合变形而构成的复合叶，一种“大叶”。对此，可对比具有清晰的内外叶舌的竹叶（图12、图13）来看它们的结构，它们的演化就十分清楚了。

从图11-G可以清楚地看到钩芒是一个枝，这个枝与小麦复小穗的穗一样有复合的节，节上腋生两个背向开裂的复小穗。这充分说明颖（裂轴—叶）上的芒是一个相当复杂的、由许多次生节轴演化而来的枝。通常在禾本科植物叶上看起来似乎结构很简单的缢痕，就是一个像麦穗的复合节一样由多个次生节轴演变而来可以再生复小穗的复合节，由它退化形成钩芒半透明的钩芒节，再随芒（多个次生节轴）平展发育成一大叶时，这个钩芒节就变成了缢痕。从图11-G、H、I所描绘的标本可以清晰地看到由两个背向开裂的复小穗原颖，再在背部愈合，并再次左右裂开构成两个半裂轴愈合形成的两片叶耳构造。从这些演化进程的真实图像来看，像大麦、小麦、竹叶这样的禾本科大叶的构造是非常复杂的，不是一个简单的开裂节轴构成的，而是由许多次生节轴经生长、愈合、分裂、退化、平展、再生长等一系列演化过程构成的。对一片叶来说，无论上面的次生节轴开裂与否，作为基础的最下位节轴一定是开裂的。单子叶植物是单裂，除根蘖与愈伤组织外，次生节轴一定是裂轴内生的，也就是腋生的。包括大麦钩芒、大麦叶、小麦叶、竹叶的缢痕，以及它们的穗子、茎秆的节，都是多个节轴构成的因节间聚合而消失的复合节。在小麦的穗节上，上位节轴腋的腋芽发育成小穗，下位节轴腋的腋芽如果发育，就形成复小穗。

从图12苦竹叶的横切面可以看到有四轮维管束下伸通入叶鞘中，最外一轮来自外叶舌，最内一轮来自内叶舌。强大的第二轮与成一小环形的第三轮

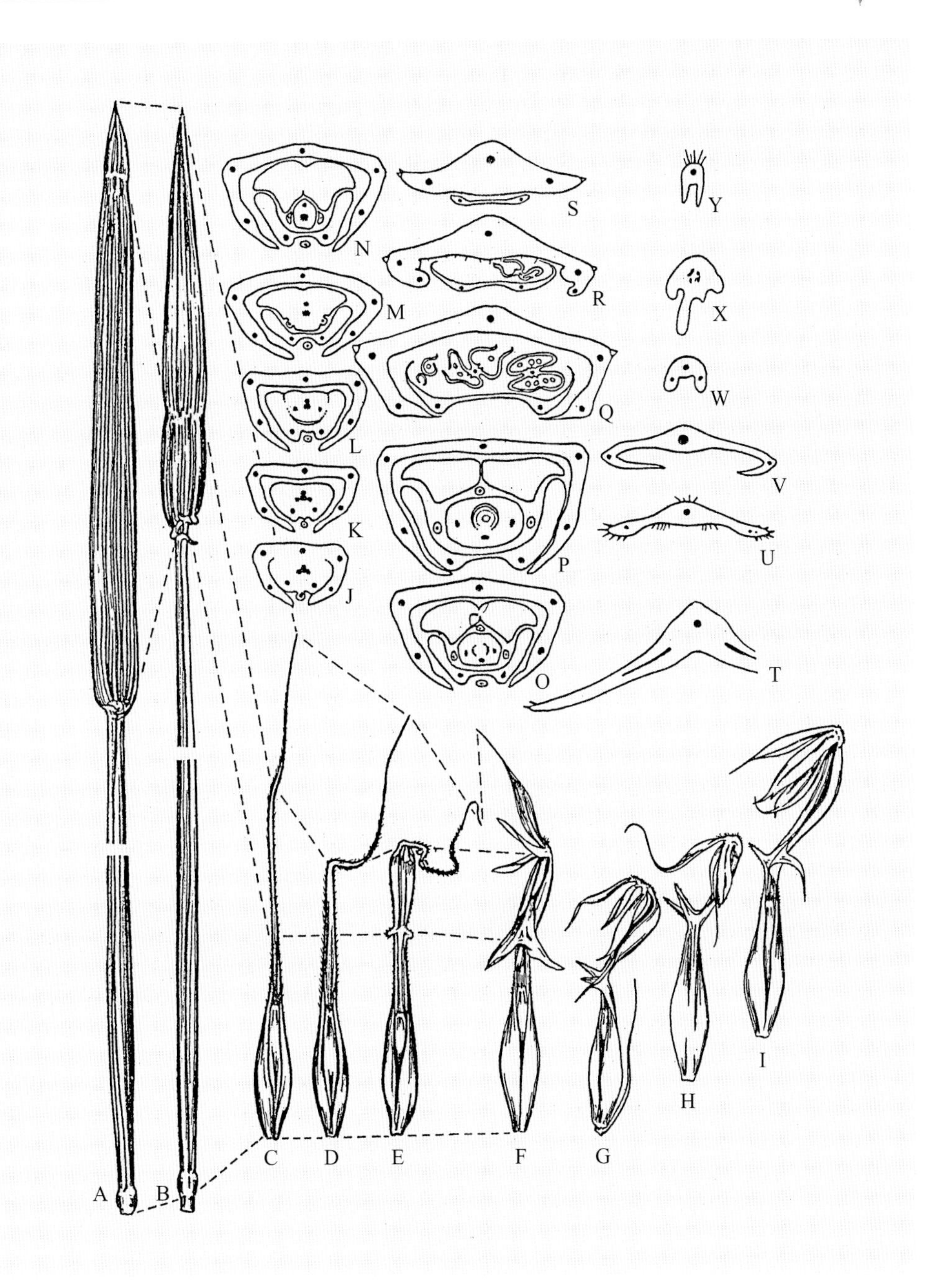

图11　钩芒大麦叶性器官形态比较

A. 下位茎生叶，缢痕位于叶片上端　B. 旗叶，缢痕位于叶片中下部　C. 具正常芒的外稃，相当于叶片缢痕部位一个节　D. 钩芒外稃，芒节处弯曲　E. 外稃芒叶化，第2节腋长出原颖小穗　F. 叶化芒在节上形成两对叶耳　G. 在第2节上生长出两个互为背向的复小穗　H. 在第2节上生长出两个互为背向的复小穗在背部愈合　I. 在第2节上生长出两个互为背向的复小穗在背部愈合后再左右分裂成为两片叶耳状构造　J ~ Y. 钩芒大麦小花至下而上的各个横切面

都来自叶鞘节上的叶片C（a）。从图12-D（b）中可以清晰地看到在叶片柄部，从图12-C（a）中看到的第三轮小环维管束在这个位置上还是非常强大的。说明这一轮强大的维管束在叶鞘中将很快不再下伸，完成了它的输导功能，让位给第二轮维管束。但在上节位[D（b）~ F（c）]，它却比第二轮更为强大。这些构造的变化说明多个节轴在构建一片苦竹叶时它们的组合更替关系。从图12-F可见，构建苦竹叶片的节轴不开裂，而是扁化，这将与在后面要向读者介绍的韭菜的叶片相似。从观察到的所有的节轴来看，未开列的节轴在横切面上形成一轮维管束，开裂后就成为一行。在禾本科以及与其相近的科属中，多重节轴下伸的维管束就构成多轮或多层维管束。因此维管束的层次也反映了构建节轴的多少。

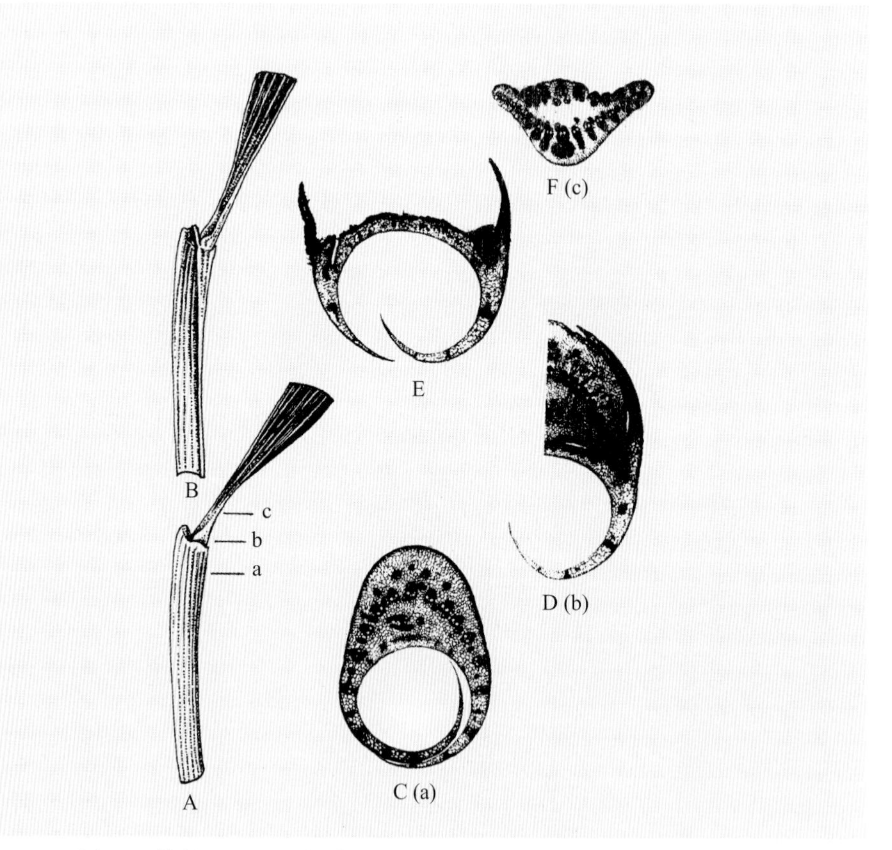

图12 苦竹叶的纵切与横切面示内外叶舌及其维管束系统

A. 叶鞘上部与叶片下部，示内外叶舌几叶片的腋生性 B. 叶鞘上部与叶片下部纵切，示内外叶舌几叶片的腋生性 C. 叶鞘上部横切，示内外叶舌几叶片下伸的3个维管束系统，内外叶舌的维管束显示裂轴构造，叶片维管束为闭合构造 D. 叶片与叶鞘接合部横切 E. 同D，除去叶片基部 F. 叶片基部横切，示节轴闭合未开裂

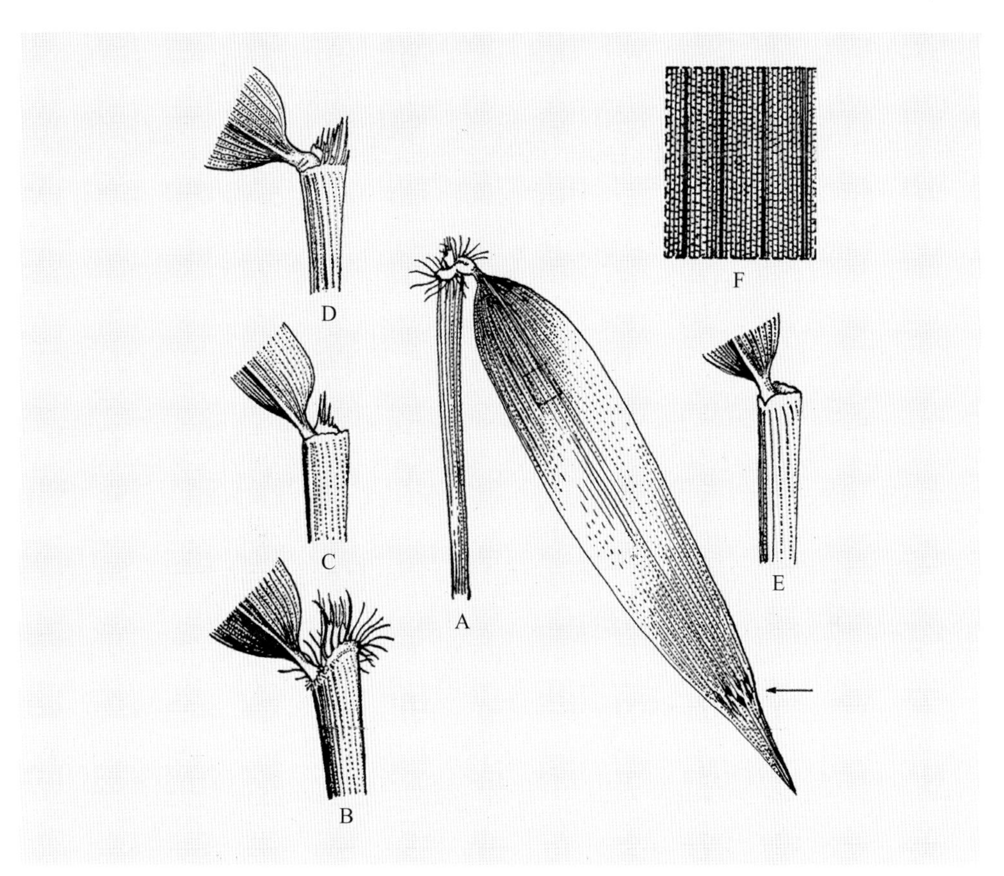

图13　毛竹叶鞘及叶片，示内外叶舌及不同的毛的类型
A. 叶鞘及叶片，箭头所指为缢痕　B. 内外叶舌具长毛　C. 内叶舌具毛　D. 外叶舌具毛　E. 内外叶舌无毛　F. 竖直横平的平行叶脉

图13所示毛竹叶片上的缢痕（图13-A箭头所指）处两道皱痕说明它是一个由多个节轴构成的复合节平展形成的。外叶舌与内叶舌上的长毛（图13-B ~ D）是属于细胞一级的变态，不是节轴一级的构造。图13-F所示横平竖直的平行叶脉，这也是顶枝学说难以解释的。

在顶枝学说中，构成叶有一种重要的形态建造生长形式，称为蹼连（webbing），也就是在顶枝束的顶枝间生长一种蹼状的构造把顶枝连接起来形成叶片。虽然这种顶枝成叶构造是臆想的，在客观实际中并不存在，但蹼连作为一种形态建造生长形式确是存在，例如在雀稗（图14）与马唐（图15）的穗轴上就有这种形态建造生长形式。由蹼连组织把穗轴连接起来形成穗轴翼伸展在穗轴的两旁，把穗轴节融连成为一个整体。这种构造在棕榈的复叶中可以清晰地看到，它在构成复叶的主秆中起到重要的作用。

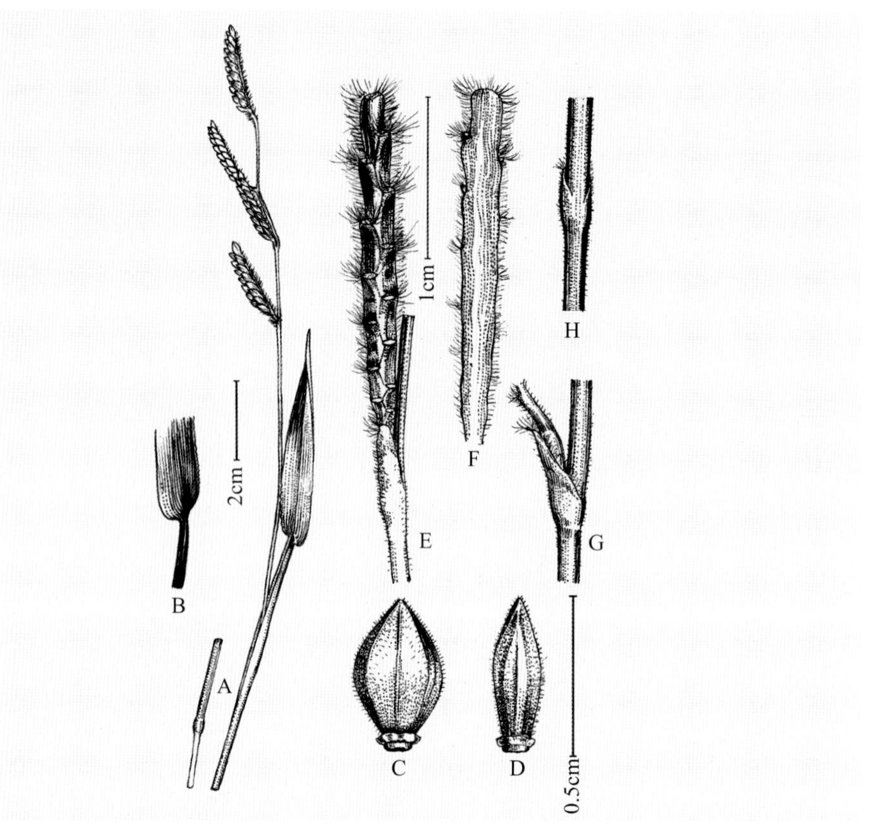

图14 南雀稗（*Paspalum commersonii* Lam.）

A.穗及旗叶 B. 旗叶中下部及叶鞘上部 C. 小穗正面观 D. 小穗侧面观 E. 穗轴腹面观，示穗轴节与穗轴节间蹼连形成的翼 F. 穗轴背面观，示穗轴节与穗轴节由蹼连翼将它们融连成一体 G. 腋生枝穗基部与包叶 H. 包叶与节间融连

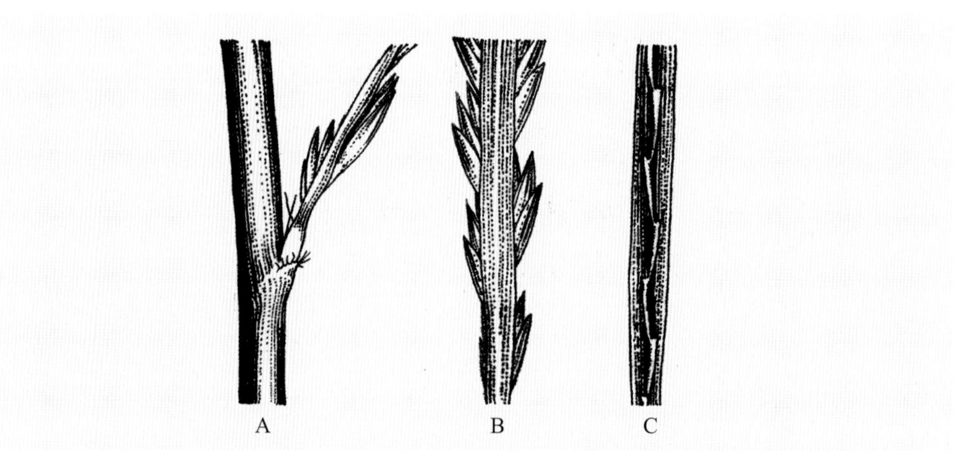

图15 海南马唐（*Digitaria setigera* Roth ex Roem. et Schult.）的穗部构造

A. 主穗轴及支穗下部 B. 支穗轴背面观，示蹼连的翼 C. 支穗轴腹面观（小穗去除），示蹼连的翼

第一节　蕨类植物（Pteridophyta）

从各种不同的高等植物的个体发育过程就可以观察到高等植物的器官是如何建成的，也就可以检验多节次生节轴学说是否正确。首先来看蕨类植物。一些远古的蕨类植物许多已经绝迹，例如楔叶类（Sphenophyllales）；而其他的蕨类植物，化石中也没有保存有完整个体发育各阶段的标本。但是现今的各类蕨类植物的个体发育的全过程，却有据可考，也能够说明问题。由于前面已对与楔叶类相近的松叶兰类有比较多的讨论研究，因此对现今蕨类逐类进行考查时对它就不再作专题研究。现要研究的蕨类植物（Pteridophyta）可以分为四大类，即：蕨纲（Filicopsida）、水韭纲（Isoetopsida）、石松纲（Lycopsida）与木贼纲（Sphenopsida），分别介绍如下。

一、蕨纲（Filicopsida）

首先来看观音座莲属（*Angiopteris*）的配子体时期的原叶体（图16-1），它的结构与角苔配子体相似，藏卵器中的卵受精后，自原叶体上的藏卵器中萌生出孢子体。它的孢子体与角苔不同的是，孢子体不是一个寄生在配子体上的生殖器官——苔蒴，却是孢子体（节轴）上段开裂平展构建成一片营养性能独立生活的绿叶与其下段形成的根（图16-2）。其形态构造与小麦复小穗轴状构造开裂构成颖是完全一致的。再从图17所示贯众（*Cyrtomium fortunei* J. Sm.）的幼孢子体更是清晰地看到第1叶腋萌生第2叶，第2叶腋萌生第3叶的原基。完全显示出与小麦复小穗的演化模式相一致性。这应是按小麦复小穗的演化模式提出来的多级次生节轴模式构建起来的，而不是顶枝学说所臆测的模式。孢子体上端开裂成叶，在开裂叶柄腋萌生腋芽（第2节轴），再开裂成为第2绿叶。由同一演化程序形成第3叶、第4叶，以及更上节位的绿叶。井口边草（*Pteris serrulata* L.）第二叶的原基也是着生于第一叶的叶腋（图18）。瓶耳小草（*Ophioglossum nudicaule* Christ）与七指蕨［*Helminthostachys zeylanica*（L.）Hook.］的孢子叶也是从营养叶叶腋中长出（图19）。图20所示满江红（*Azolla imbricata*）叶的着生构型与图21所示槐叶萍（*Salvinia nutans*）叶原基生长的模式也是按次生节轴模式构建的，而不是按顶枝学说的模式构建。

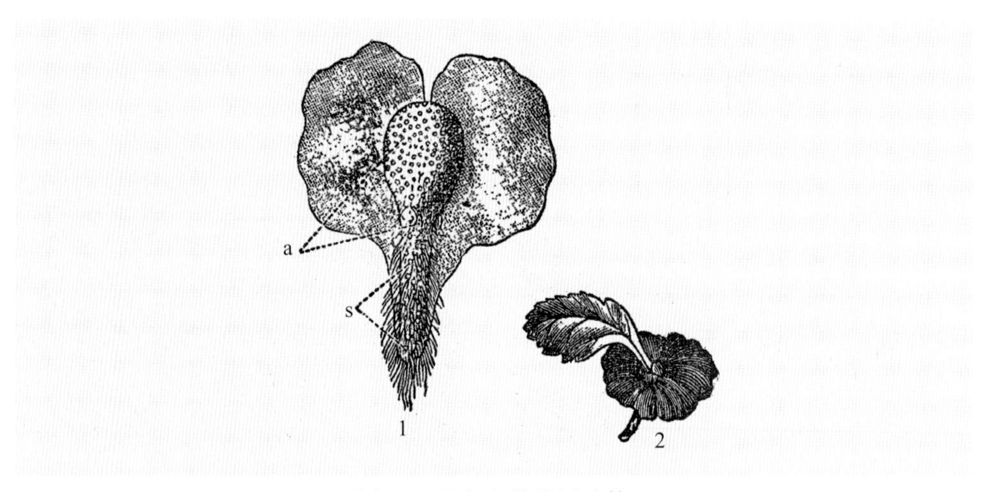

图16　观音座莲的原叶体

1. 腹面观：s 藏精器；a 藏卵器　2. 孢子体出生于原叶体

（引自池野第二七三图）

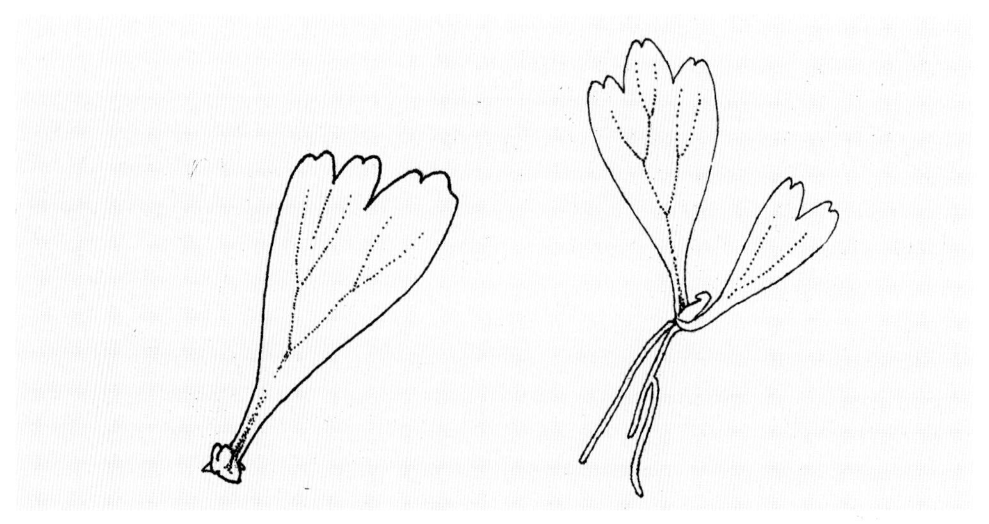

图17　*Cyrtomium fortunei* J. Sm. 的幼孢子体，示叶腋生

在蕨类植物中，绝大多数高位绿叶是由低节位的单叶演变成为复叶。单叶演变成为复叶（羽状或非羽状复合叶），也是单叶上再生多个多层次的次生节轴，再经开裂、愈合、蹼连及聚合等多种发育过程演变形成。只有满江红［*Azolla imbricate*（Roxb.）Nakai］等极少数种类高节位也保持构造简单的单叶（鳞状小叶）状态。

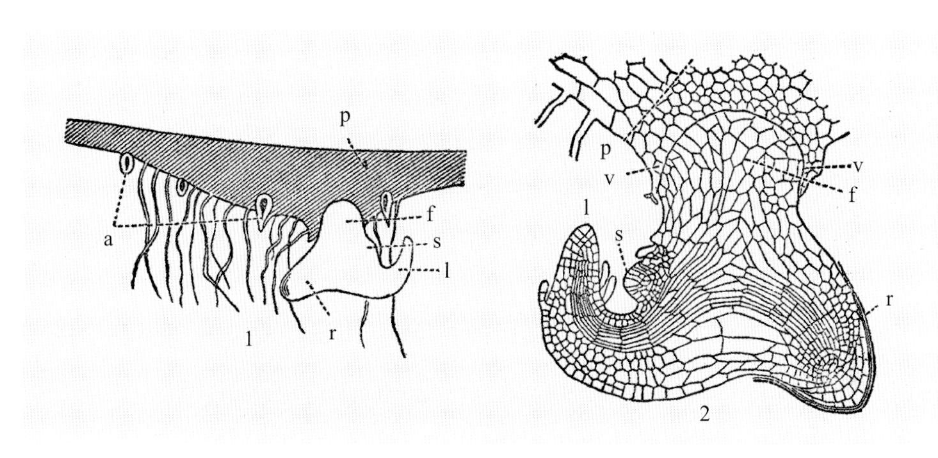

图18　井口边草（*Pteris serrulata* L.）配子体上着生的孢子体

1. 原叶体（配子体）切面，示下面着生的孢子体　2. 孢子体纵切面放大：a. 藏卵器；f. 胚脚（第1节轴下端）；l. 第1叶（第1节轴开裂的上端）；p. 原叶体；r. 第1次生根；s. 腋生节轴原基；v. 原叶体上藏卵器发育膨大构成的腹壁

（引自池野第二九五图）

图19　瓶耳小草（*Ophioglossum thermale* Kom.）与七指蕨［*Helminthostachys seylanica*（L.）Hool.］，示孢子叶自营养叶叶腋中生出

（引自池野第二七四及二七七图）

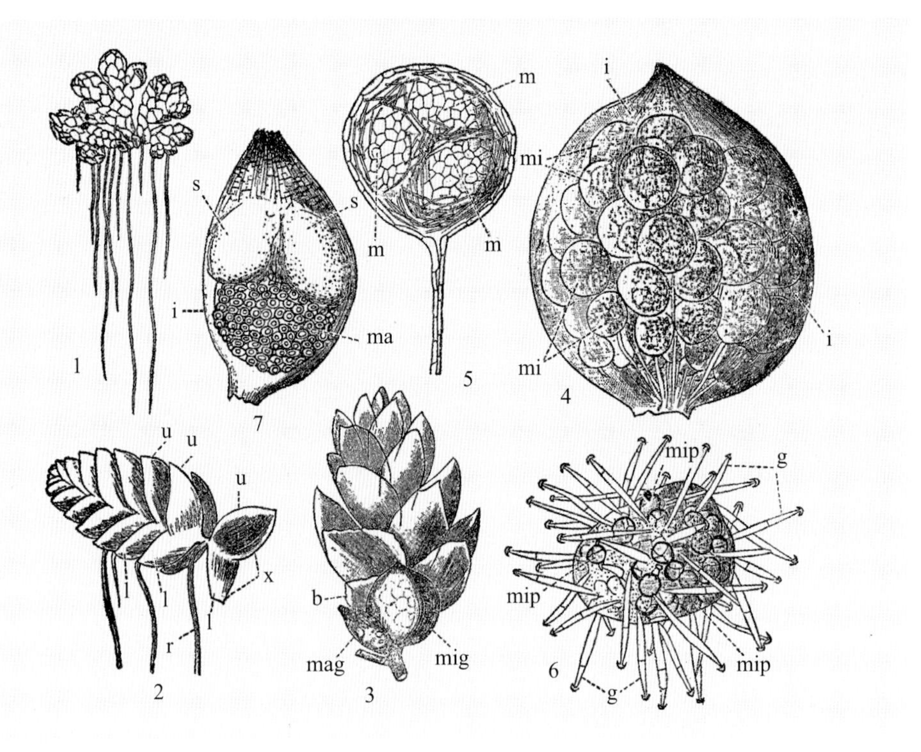

图20　*Azolla imbricate*（Roxb.）Nakai

1. 全植株　2. 一个分枝，示叶分裂为上（u）、下（l）两片（x为人为分拨开的两叶裂，明示其两裂的形态）　3. 有大孢子囊（mag）与小孢子囊（mig）的分枝　4. 小孢子囊果，示包膜（i）与孢子囊（mi）　5. 小孢子囊，其中示3个球状体（m）　6. 球状体，示孢毛（g）与小孢子（mip）　7. 大孢子囊果，示大孢子囊（ma）与浮游体（s）及包膜（s）

（引自池野第三O二图）

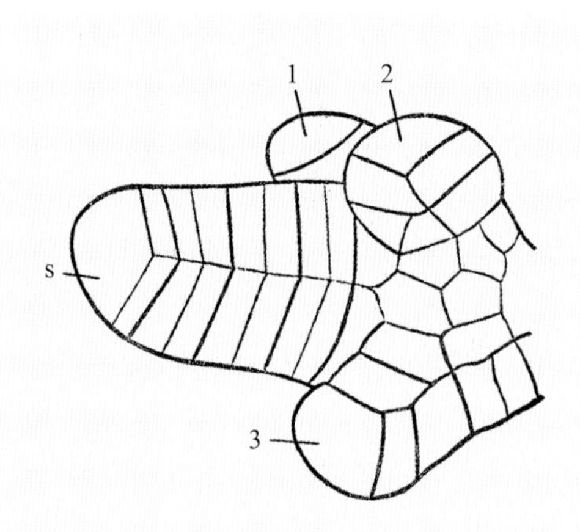

图21　槐叶萍（*Salvinia nutans*）茎端生长点

1、2. 气生叶　3. 水生叶　s. 腋生新节轴

（引自池野第三O一图）

再从紫萁（*Osmunda japonica* Thunb.）的解剖构造来看，它的复叶的叶柄是裂轴（图22、图23、图24），中柱维管束系统是开裂叶柄形成的次生维管束下伸相互衔接构成的。这是典型的多级次生节轴模式。根据生理学的实验结论，这些输导组织是在生长素的控制下由薄壁初生组织细胞进行次生分化而形成的，即由一个个次生腋生节轴下段向两极分化出来的输导组织的下端与下一节轴的维管束相互衔接成一个次生茎的整体构造。除图22所显示的紫萁的维管束清晰的构建形态外，图25所示的干旱毛蕨［*Cyclosorus aridus*（Don）Tagawa］的叶与茎的形态更是十分清楚地显示出这样的构建形态，也就是茎秆是由一个接一个的次生节轴相互连接、相互愈合构成。如果不知道像小麦复小穗由轴开裂建造成叶的过程，很容易产生“茎叶节学说”那样由一个一个叶柄相互愈合成茎的看法。

按顶枝学说，叶脉就是聚合的顶枝束，它的原始构型是二歧分枝，由它再演化呈现其他形式的脉序。但是图26所示的贯众（*Cyrtomium fortunei* J. Sm.）的网状的脉序是顶枝学说难以解释的。从个体发育过程来看，已如前述，像叶脉这样一些输导组织是在生长素的控制下由薄壁初生组织细胞进行次生分化而形成的，无论是单脉不分枝的脉序，还是二歧分枝的脉序，抑或是网状相连的脉序，以及平行的脉序，都是生长素流迹集聚的途径诱发薄壁细胞分化所构成的，这就很容易理解了。

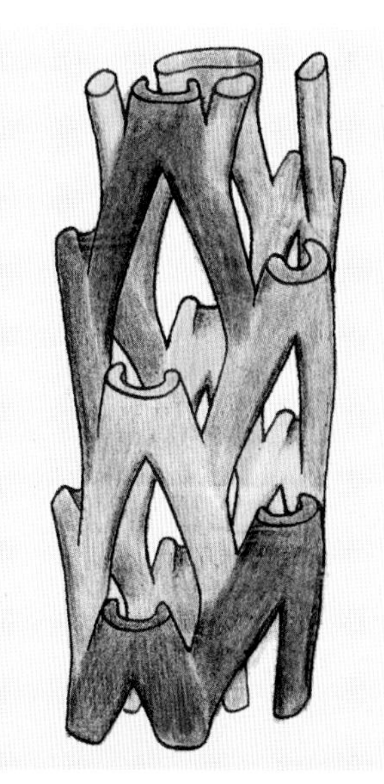

图22　紫萁（*Osmunda japonica*），示构成茎秆中柱的叶裂的维管束系统
（不同颜色显示来自不同的叶裂）

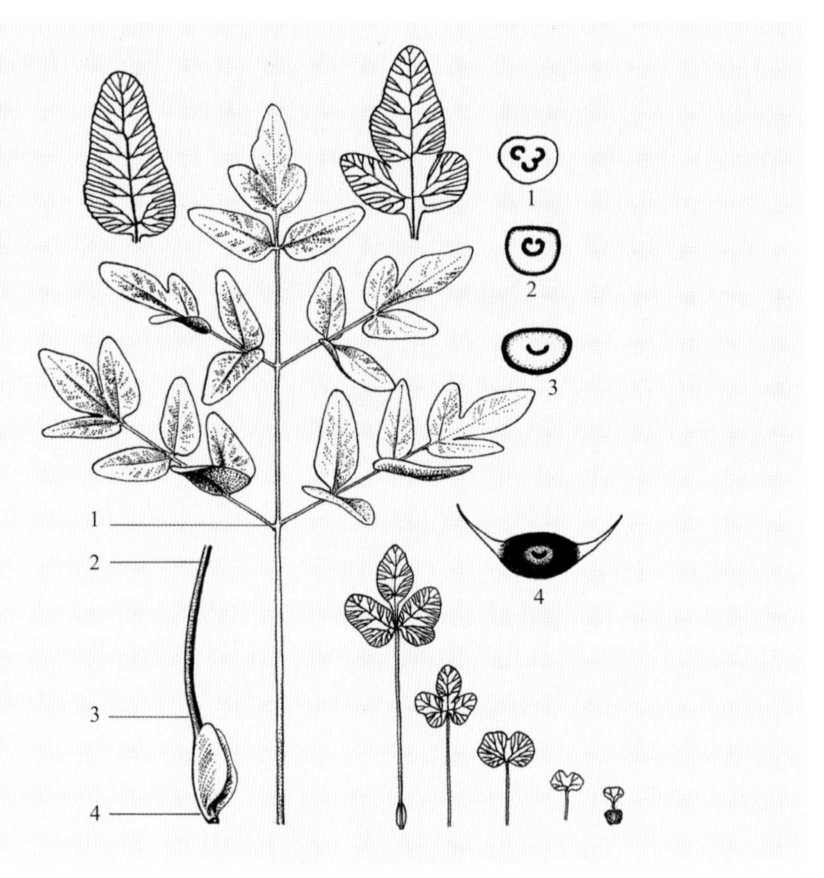

图23　*Osmunda japonica* Thumb.
（示配子体上着生的孢子体第一幼叶到成叶的形态构造，并示叶柄维管束显示的裂轴构造）

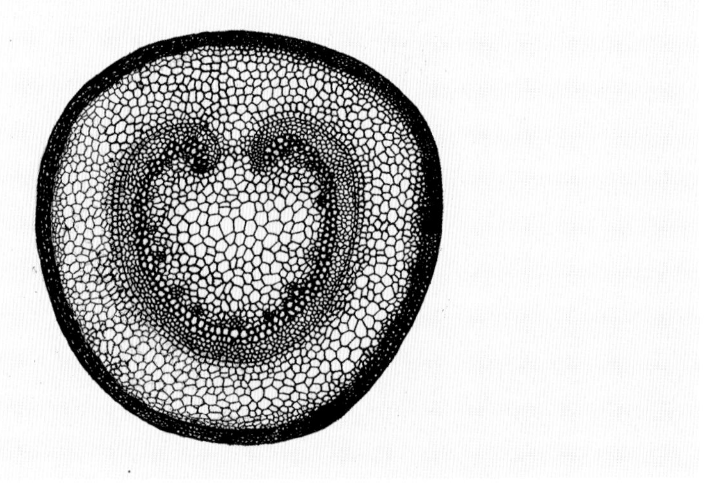

图24　*Osmunda japonica* 叶柄横切面，示开裂的维管束及裂轴特征

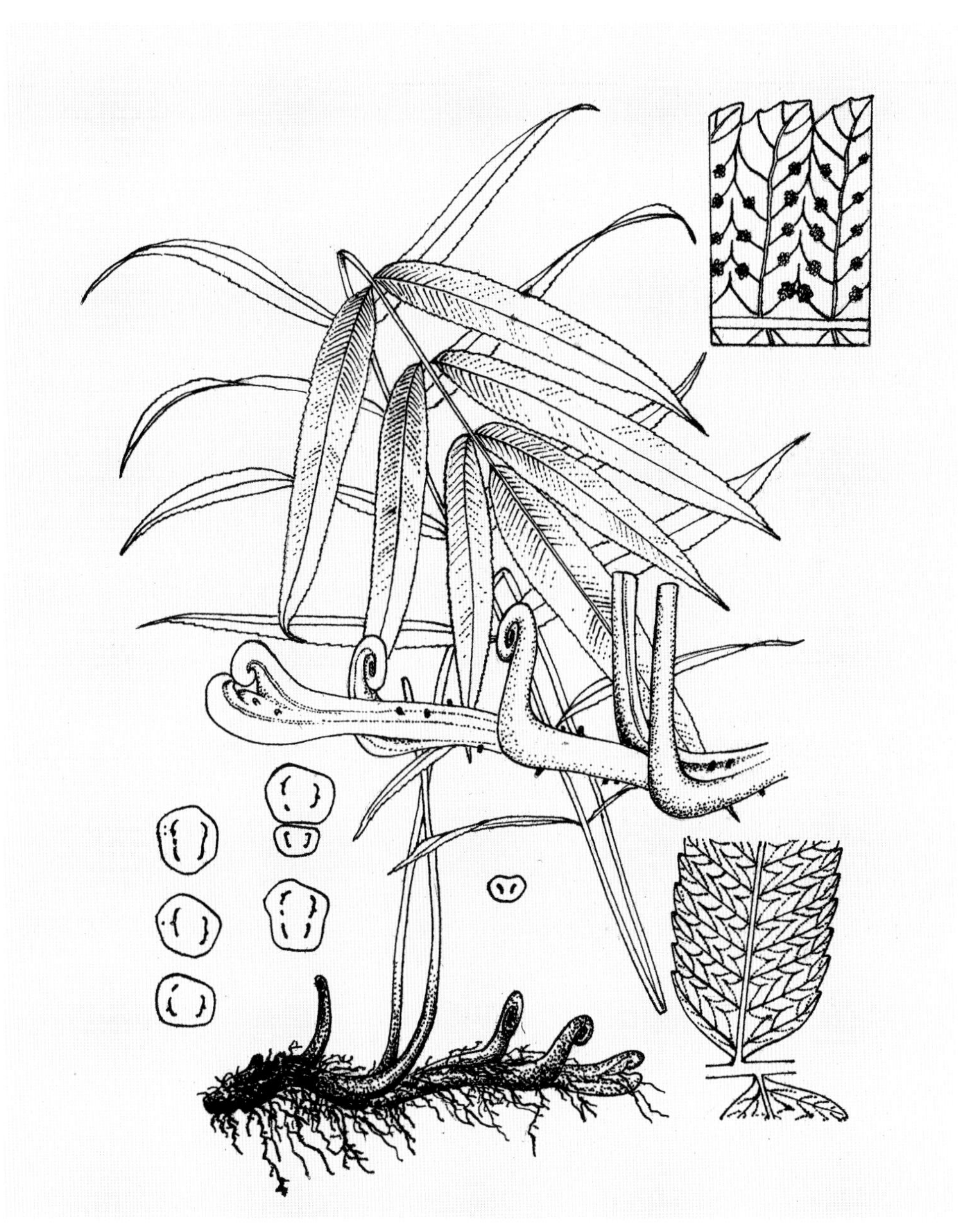

图25　干旱毛蕨[*Cyclosorus aridus*(Don)Tagawa]，示叶裂相互愈合形成茎秆

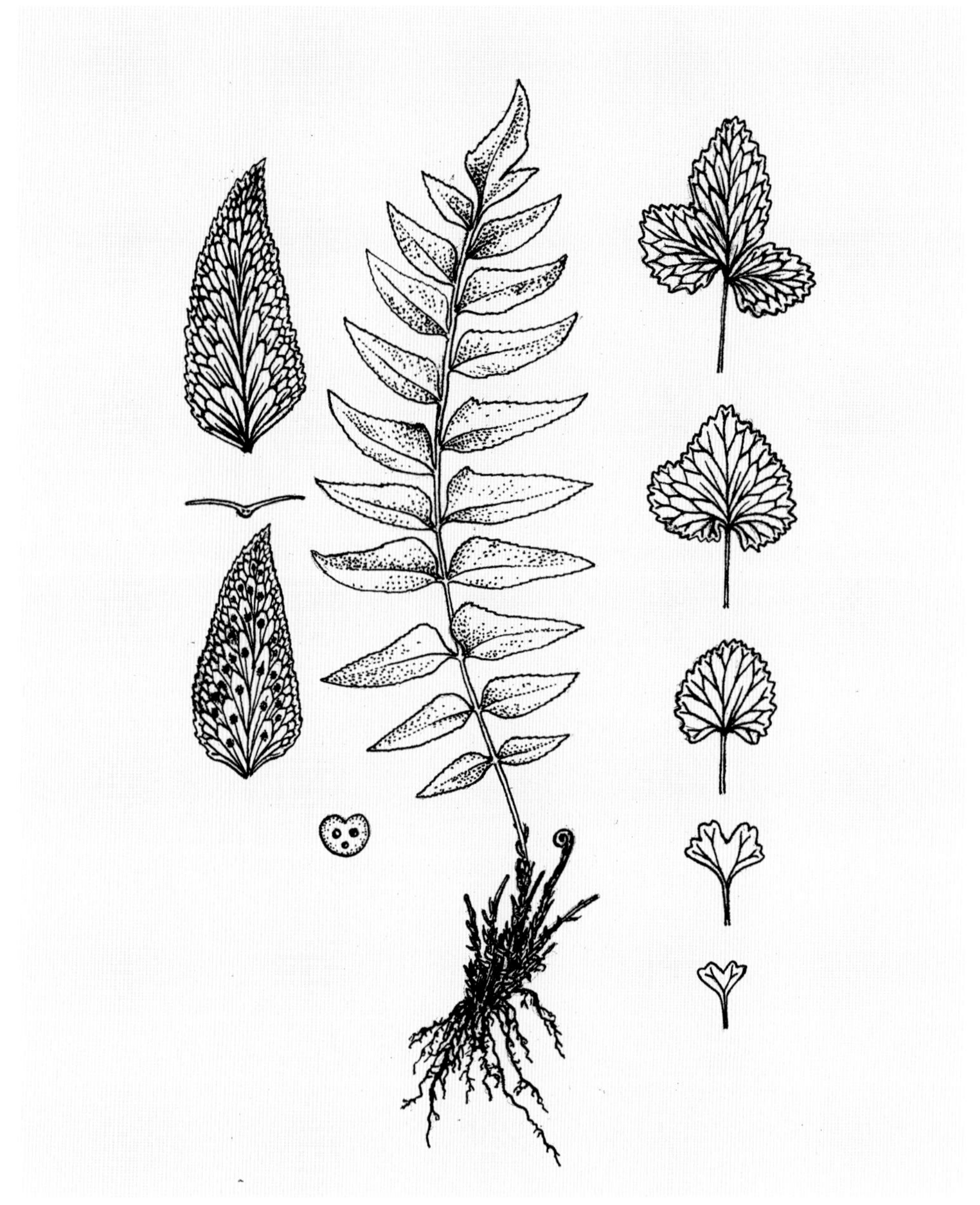

图26 贯众（*Cyrtomyum fortunel* J. Sm.）
（示原叶体上长出的幼小绿叶具二歧分枝的叶脉与成株绿叶的网状连接的叶脉，并示叶柄的裂轴内含复合叶下伸的三束独立的维管束）

在叶柄中，不同蕨类因生长素汇聚流迹的不同，致使叶柄中的维管束具有不同的构造形式。在紫萁中，其横切面呈开裂的环形，也就是开裂的圆柱形，下端二歧与其他叶裂的二歧分开的维管束联合构成次生结构茎秆中的网状中柱。而在铁芒箕中，叶柄中与它近似的开裂圆柱状维管束则在茎秆中构成原生单中柱。在干旱毛蕨的叶柄中呈两条并列的维管束，下伸茎中与其他叶下伸的两列维管束相互联合形成茎秆中的两列中柱。在贯众的叶柄中，维管束分为三束。在海金沙的叶柄中（图27），单一的维管束其木质部则呈三棱星状形态。这些维管束多式多样，都是由生长素诱发出来的次生结构，是不同遗传特性决定的不同诱发部位的剂量不同所造成的次生差异。

按顶枝学说，孢子囊在顶枝的尖端，也就是在叶脉的尖端。纵观所有蕨纲植物，绝大多数属种孢子囊都不在叶脉尖端，其中一些，如天星蕨［*Christensenia assamica*（Griff.）Ching］孢子囊散生在叶片下面，通过4 ~ 6根网连微脉与叶脉相连获取营养（图28）。这些实例也是顶枝学说完全难以解释的。

蕨纲植物的叶，绝大多数都是在原有的叶裂上再形成次生生长点，由它再长成次生节轴，形成复合叶，大多数构成羽状复叶。在铁芒萁［*Dicranopteris dichotoma*（Thub.）Bernh.］上，可以清楚地看到在幼小的叶片裂腋中长出次生节轴，并一步步地发展成为繁复的多次羽状复叶（图29）。它的复叶腋的生长点可以继续再生节轴，再形成复叶（图30）。在另一些属种中，如胎生蹄盖蕨（*Athyrium viviparum* Christ.）、阔羽叉蕨（*Tectaria fengii* Ching et C. H. Wang）、狭叶芽孢耳蕨（*Polystichum stenophyl lum* Christ）、顶芽狗脊蕨［*Woodwardia unigemmata*（Makino）Nakai］还可以形成珠芽供无性繁殖。这些珠芽就是在构成叶片的节轴裂展的腋间再形成一个一个的节轴复合连接构成一个缩短膨大、贮藏着丰富营养物质供繁殖的一种特化的枝。这些次生生长的实例都是与顶枝学说相矛盾的，但却是多级次生节轴学说所依据的模式。

在蕨纲植物中，海金沙（*Lygodium japonicum*）的复合叶（图31），可以说在高等植物中它真是达到了登峰造极的程度，不断演生的次生节轴，使它的复合叶不断生长成为长达1 ~ 5m的藤蔓，缠绕在其他灌木或附着物上，像一个藤蔓状的茎秆。但是它的叶柄最下一节，具有两条纵长的棱脊（图27箭头所指），把叶柄分为清晰的背、腹两面，清楚地显示棱脊就是裂轴的边沿。纵观所有高等植物的叶柄，不管它怎样千变万变，这个裂轴的形态构造始终是不会变的。这一点也就充分地证明裂轴模式构成叶，也就是小麦复小穗所显示的裂轴构成颖的模式。

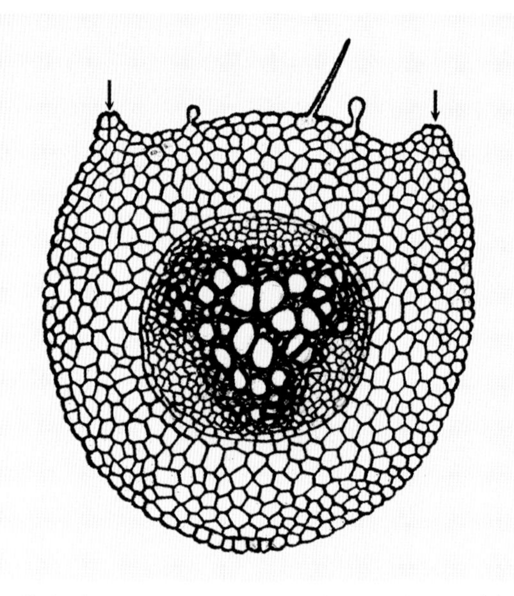

图27　海金沙[*Lygodium japonicum*（Thunb.）Sw.] 叶柄横切面

（箭头所指为叶片形成时节轴开裂的边沿仍存留呈两条脊，位于叶柄内侧，使叶柄腹、背两面界线分明清晰）

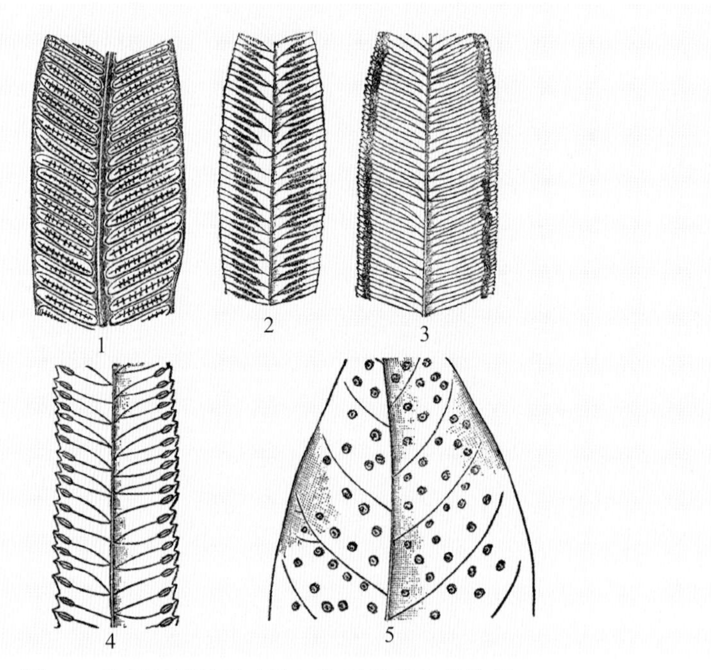

图28　观音座莲科的叶脉与孢子囊着生的位置

1. *Danaea elliptica*　2. *Archangiopteris henryi*　3. *Angiopteris crassipes*　4. *Marattia fraxinea*　5. *Christensenia assamica*，示孢子囊散生在叶脉间

（引自池野第二七一图）

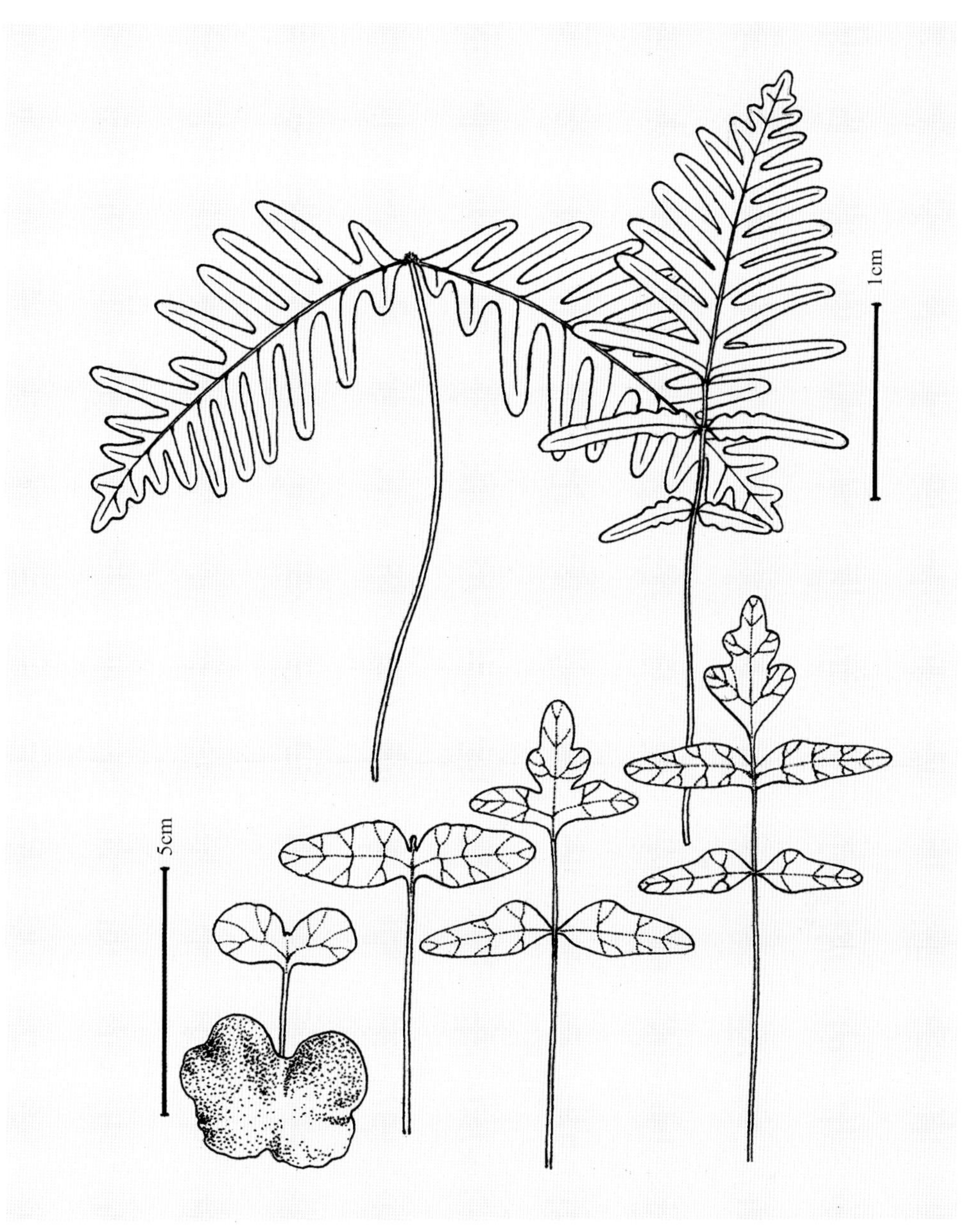

图29　铁芒萁［*Dioranopteris dichotoma*（Thubb.）Bernh.］
（示幼叶发展的各个阶段，由多个次生节轴演化为复合的羽状复叶）

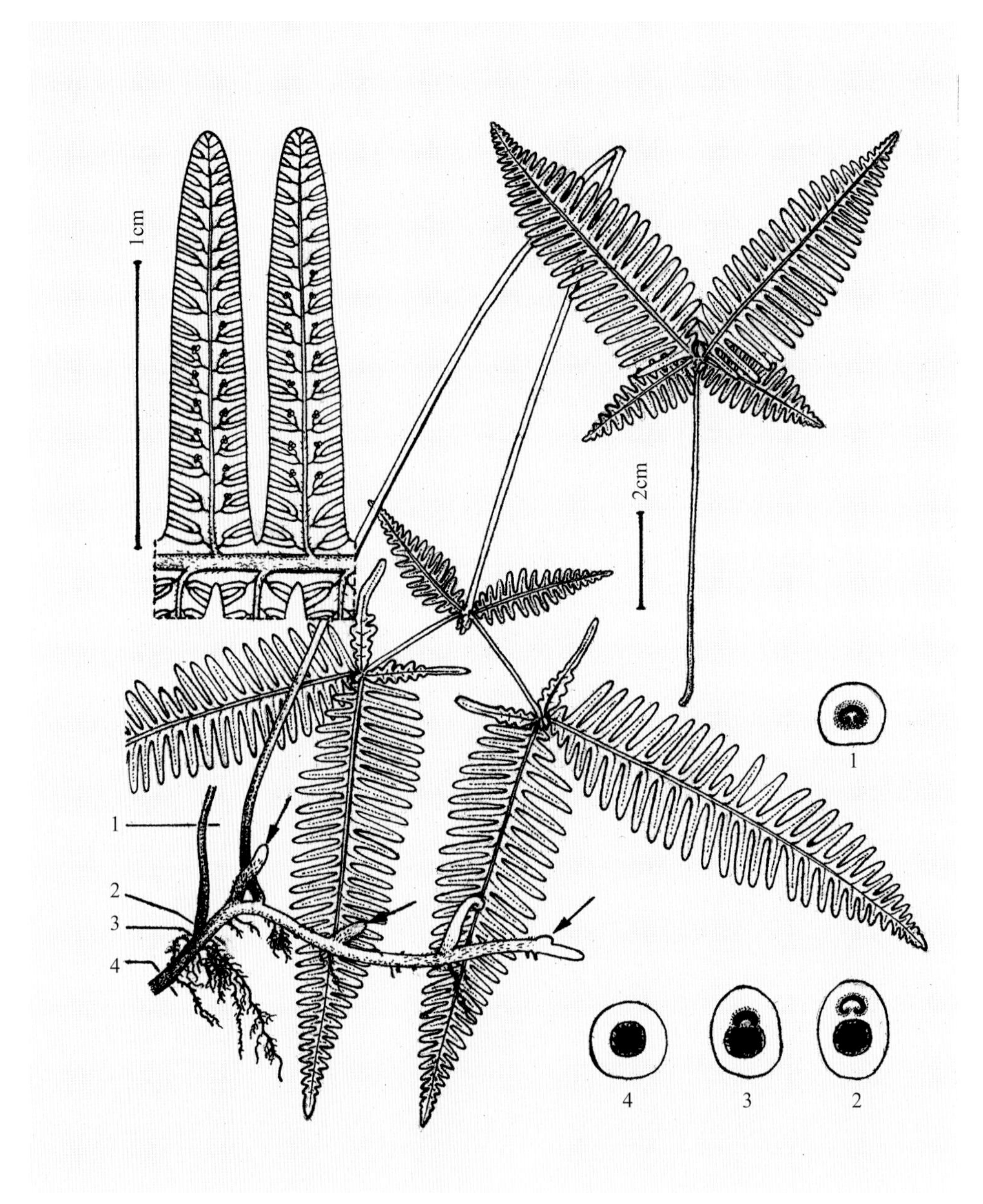

图30 铁芒萁［*Dioranopteris dichotoma*（Thubb.）Bernh.］

（示多次腋生次生节轴构成复合叶，脉序、叶柄开裂维管束与复合中柱的愈合，箭头所指为次生升位的腋芽）

图31　海金沙［*Lygodium japonicum*（Thunb.）Sw.］

A. 原叶体及其上萌生的孢子体第1叶　B. 第2叶，示叶裂上第2次生节轴演化而成的复叶　C、D. 由更多次生节轴演化构成的复合叶　E. 成株，示复合叶发展成藤蔓，箭头所指为腋芽（次生节轴构成）长成藤蔓枝秆　F. 孢子叶

分布在云南、贵州、四川等中国西南地区的长柄车前蕨（*Antrophyum obvatum* Bak.），叶片没有主脉，全是网状相连的细小叶脉，下通叶柄的也是3 ~ 6条大小相似的维管束。这更是顶枝学说无法解释的（图32）。

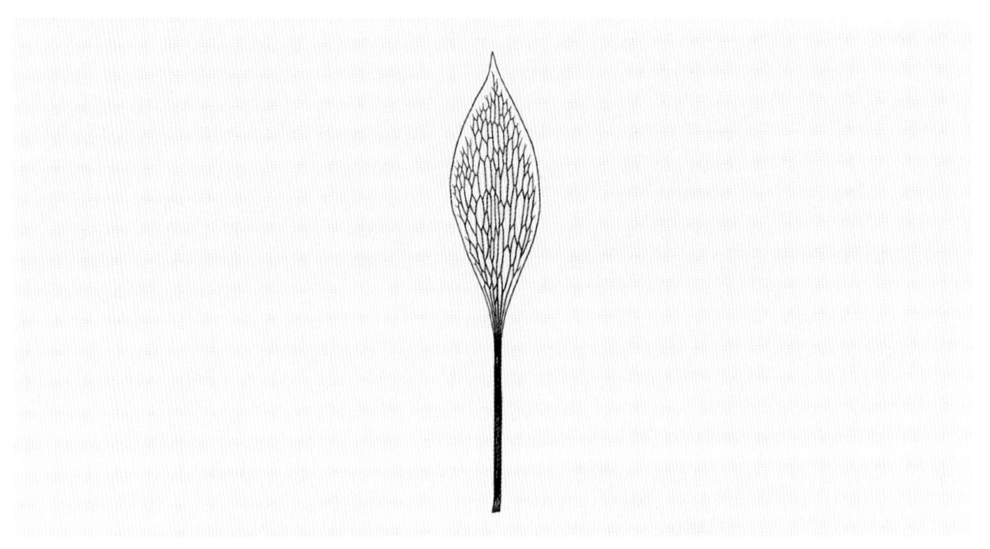

图32　长柄车前蕨（*Antrophyum obvatum*）叶，示网状相连的叶脉

从图23紫萁（*Osmunda japonica* Thunb.）的第1幼叶到发育完全的成株叶来看，第1幼叶是原叶体（配子体）上萌生的第1个节轴单裂、平展形成，再发育构成二歧的维管束——叶脉。第2幼叶大于第1叶，具四歧叶脉，叶片明显呈现两瓣。第3叶更大，叶脉分歧更多。第4叶除大于第3叶外，在两叶瓣凹陷处萌生第3叶瓣。第3叶瓣显然是再生节轴平展、蹼连构成，其叶脉明显显示其独立的系统与下位叶脉相接连。第5叶已从第4叶的三裂瓣发育成各自独立的三小叶，并在叶柄基部两侧初步萌生耳状突起。充分发育的成株叶构成多次羽状复叶，叶柄基部具耳状叶瓣。紫萁的叶柄从上至下维管束组织的横切面都显示是不闭合的环形（图23、图24），说明它的裂轴特性。虽然它的叶柄已由裂轴特化呈圆柱状，但它的维管束组织从横切面看仍然是开裂的，清晰地显示它的裂轴特性。

参看钩芒大麦外稃的演化，多级次生节轴如何一步一步发展演化成为紫萁这样的复合羽状复叶，就不难理解了。其他蕨纲的复合羽状复叶也应当是以同样的建造模式构建而成的。

从图25的干旱毛蕨[*Cyclosorus aridus*（Don）Tagawa]尚未生根的初生茎秆来看，它是由一个一个单裂的节轴愈合连接构成，界线分明，清晰可见。

二、水韭纲（Isoetopsida）

现今水韭纲只有水韭属（*Isoetes*）一属，为生长在沼泽浅滩中的水生植物。水韭纲植物与蕨纲植物相同的是它的孢子体的节轴也是单裂。不同的是单裂节轴演化形成长5 ～ 50cm的简单小叶，叶的下部具有次生节轴构成的舌状小叶舌；节轴下端不是联合形成伸长的茎秆，而是聚合在一起构成具2 ～ 3裂瓣的块根状类似于在三叠纪地层中出现的肋木属（*Pleuromeia*）的根托的构造，细长的小叶聚集在根托之上形成密集的莲座状。而它与后面将要讲述的石松、卷柏的不同是：石松、卷柏的节轴是双裂，构成两片叶裂；它与卷柏相似的是：叶裂上有第二级裂轴发生，并构成舌状小叶舌。水韭的植株形态如图33-A所示。从图33-F可以看到第1节轴上端形成的第1叶，即Smith（1955）称之为子叶（cotyledon）的构造；它的下端则构成胚足；它的根是多节轴相聚合的基盘——根托上新生出的次生根。从水韭来看，它的器官结构仍然是次生节轴的构建模式构成的，与其他类群不同的是次生节轴下端相互连接后，下端分生组织相聚形成根托，但不形成居间生长构成的伸长的节间，从而没有伸长的茎；上下节位叶片都相聚在一起构成密集的莲座状；次生根从根托长出形成大量的须根。这就形成水韭器官特有的形态构造。

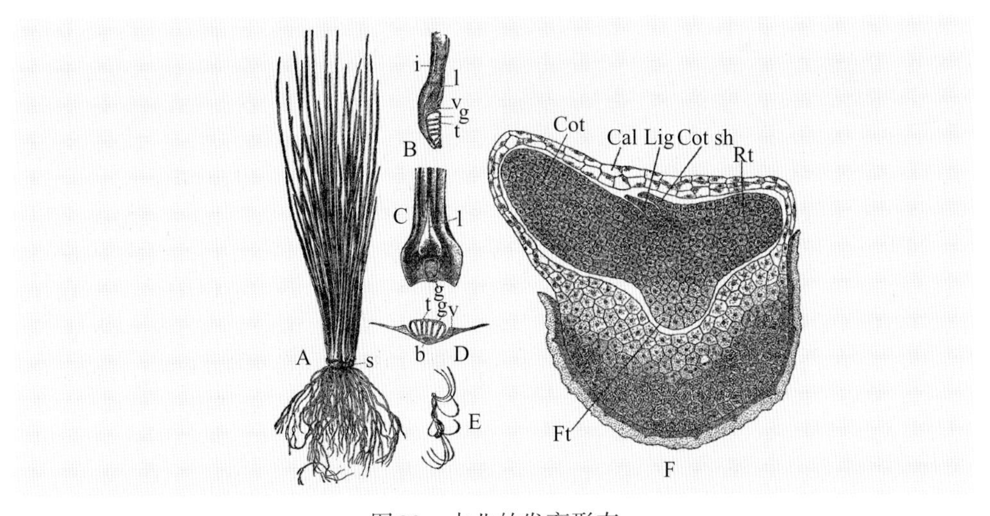

图33　水韭的发育形态

A ～ E. *Isoetes japonica*：A. 全植株；B. 孢子叶基部纵切；C. 孢子叶基部腹面观；D. 孢子囊孢子叶横切（b. 维管束；g. 孢子囊；i. 叶内组织间隙；l. 小舌；t. 网架体；v. 小唇）；E. *Isoetes malinverrnianum* 的精子　F. *Isoetes braunii* Dur. 的幼胚（Cal. 帽状体；Cot. 子叶；Cot Sh. 子叶鞘；Ft. 胚脚；Lig. 小舌；Rt. 根）

（A ～ E. 引自池野，第三三六图；F. 引自G. M. Smith，Fig. 123）

三、石松纲（Lycopsida）

现代石松纲植物有不同的两大群：石松目（Lycopodiales）与卷柏目（Selaginellales）。石松纲与蕨纲以及水韭纲不同的是节轴二裂，形成一对叶；而蕨纲与水韭纲为单裂，形成一片叶。木贼纲则形成多裂的轮生叶。石松纲的叶上不再萌生繁复的次生节轴，保持较为简单的叶裂原生态构造，也就是小叶构造。蕨纲则由多级次生节轴组建成为复杂构造的大叶。木贼纲的多叶裂则退化成轮生鳞叶，光合营养由节轴下段演化成的茎轴承担。

石松目（Lycopodiales）

现有人根据茎匍匐或直立，形成或不形成穗状孢子囊序，孢子叶与不育叶不同形不同色或同形同色将石松目分为两个科，即：石杉科（Huperziaceae）与石松科（Lycopodiaceae）。从器官构建层面来看，这一分类差异与器官构建原则无关，进行人为分类可以按这些差异把它们分为两类。从器官构建原则层面上来看，可把这两者看成一类，统称为石松（*Lycopodium*）。

石松的原叶体没有大、小，也就是雌、雄之分，每个原叶体都有藏精器与藏卵器，兼具雌、雄两性。有性世代的植物体多生长于地下与菌类共生，如露出地表也形成叶绿色营养体自营生活。体形较大，长达0.5 ~ 1cm。图34为*Lycopodium complanatum* L.的原叶体。它与蕨纲的原叶体的形态结构差别很大。在原叶体上，精、卵结合后的幼胚（孢子体）呈块状，其上端二裂形成两个原生叶[Smith称它为子叶（cotyledon）]。叶腋形成新生长点，即第二节轴（图35），生长开裂后形成第二对小叶。

在图36和图37所示的*Lycopodium serratum* Thunb.中，可以看到它常生长一种无性繁殖的短枝。这种短枝由三次节轴形成的三层对生叶构成，在第三层节轴开裂形成的一对小叶的叶腋再形成一个珠芽。珠芽由三层对生叶与内生的一个未发育的生长点组成，也就是说珠芽是由四层节轴叠垒构成的。这种珠芽落地生根后也可以萌发生长成幼苗，这种幼苗继续生长出成对的绿叶。

在另一些种类的石松中，由于两侧生成的对生叶不平衡生长，造成一侧快，一侧慢。快的一侧，已分化出不再伸长固化的维管束；而慢的一侧，节轴下端仍处于分生组织状态，仍在继续生长升高。等到慢的一侧的叶裂也分化成熟，就在合轴的茎秆上形成两片叶裂一矮一高的现象，本来对生的叶裂就演

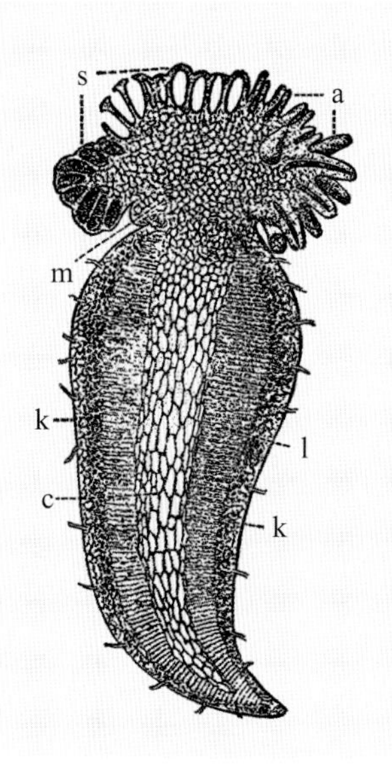

图34　长蔓石松（*Lycopodium complanatum*）的原叶体纵切面

a. 藏卵器　s. 藏精器　m. 分生组织　c. 中心组织　k. 表皮组织　l. 栅栏组织

［引自池野，第三二一图：3（Bruchmann原图）］

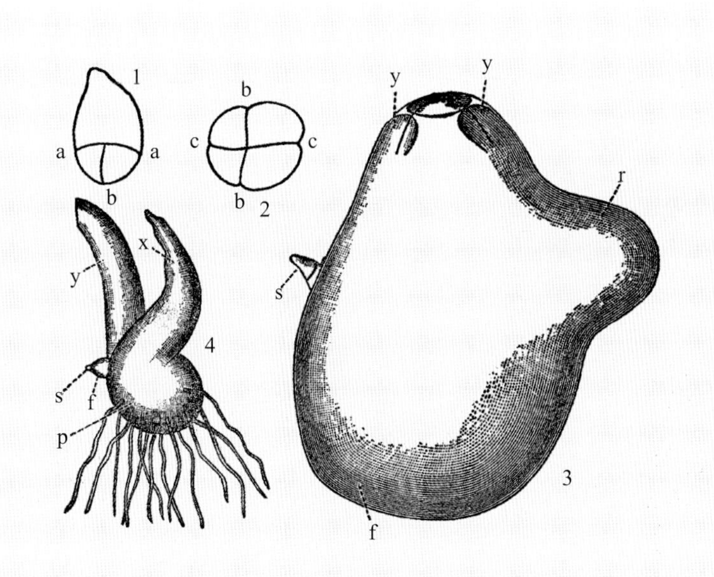

图35　石松受精卵的发育

1．受精卵分裂初期侧面观：a–a 横断面以上细胞将发育为胚柄　2. 受精卵分裂初期腹面观：b–b与c–c 方向两次分裂为4个细胞以后发育成幼胚　3. 进一步发育的幼胚：f. 胚足；r. 幼根；s. 胚柄；y.叶原基　4. 进一步发育的幼胚：f. 胚足；p. 第一节轴未分裂的下部；s. 胚柄；x、y. 二裂的第一节轴上部发育成两片幼叶

（引自池野，第三二二图）

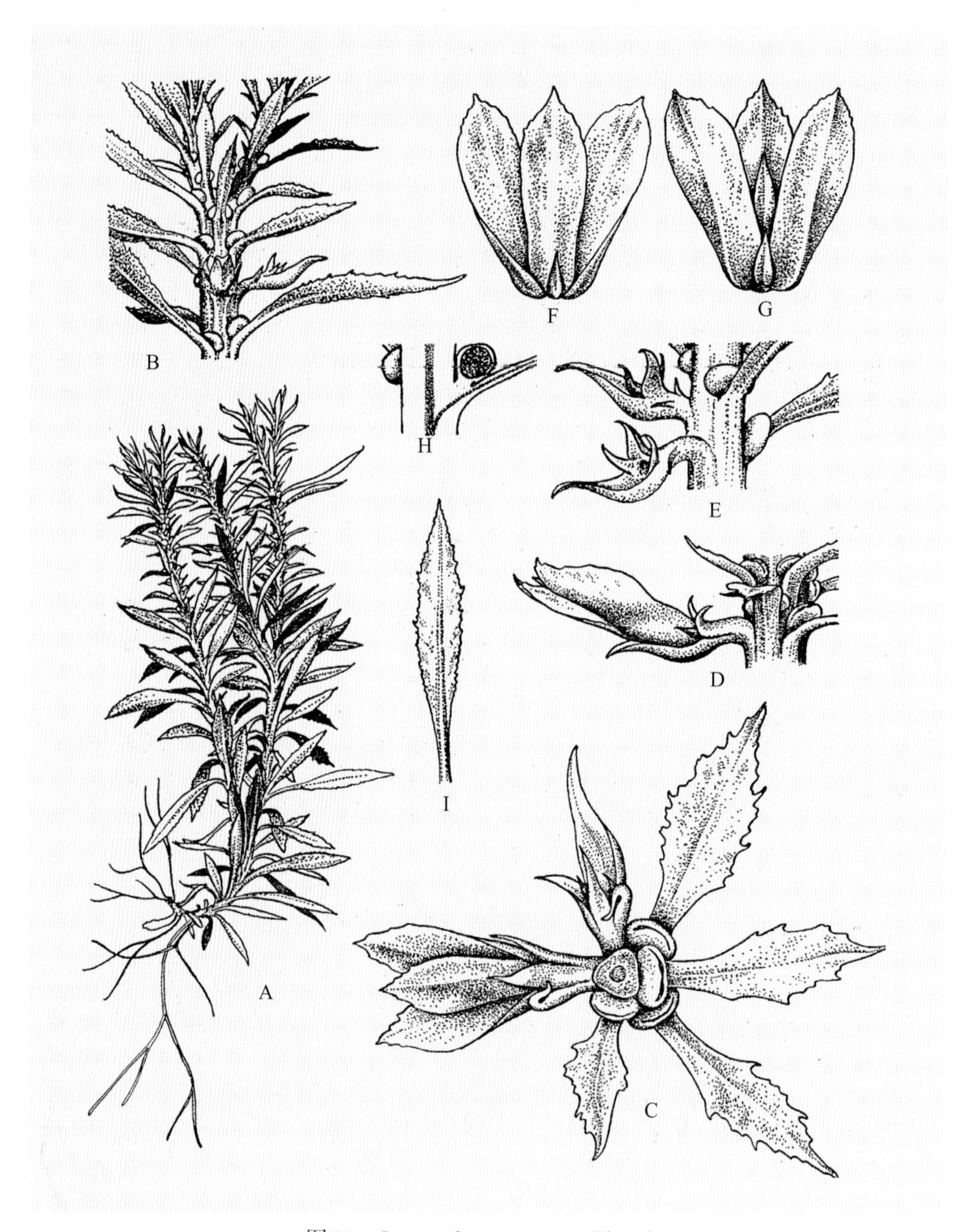

图36 *Lycopodium serratum* Thumb.

A. 全植株 B. 植株的一部，示无性繁殖枝及孢子囊 C. 植株横切上面观，示营养叶、孢子叶，具两个次生节轴四片对生叶的无性繁殖枝及无性繁殖枝上的珠芽 D. 含珠芽的无性繁殖枝 E. 珠芽已脱落的无性繁殖枝，示具两个次生节轴四片叶裂 F. 珠芽下面观 G. 珠芽上面观 H. 茎秆、孢子叶纵切，示叶脉与中柱的愈合及孢子囊腋生 I. 营养叶

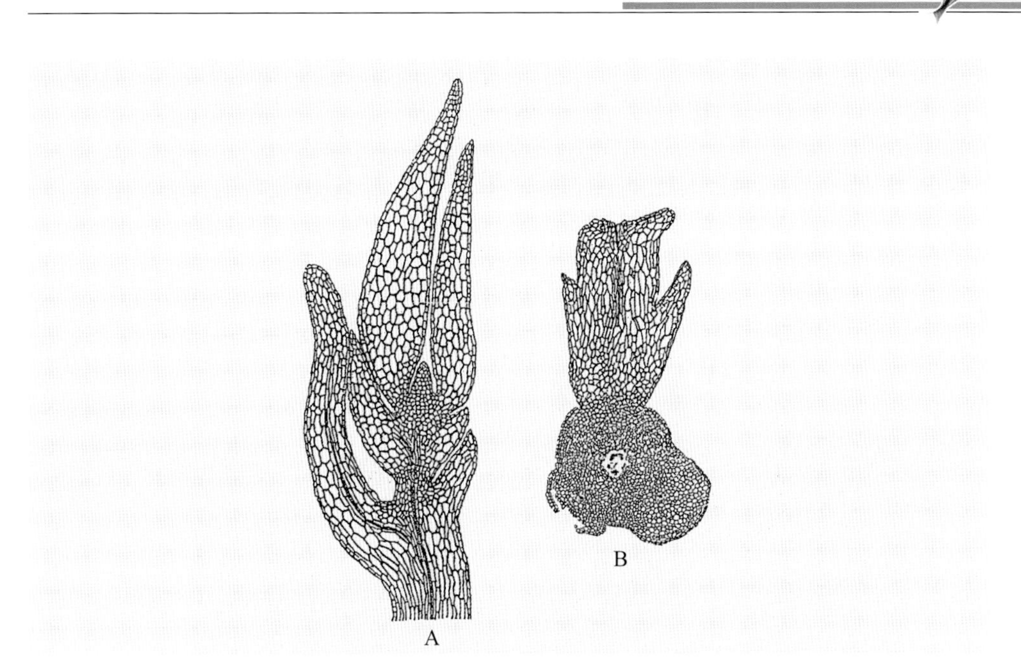

图37 *Lycopodium serratum* 无性繁殖枝的纵切面与横切面
（示次生节轴的腋生性及节轴上端二裂构成对生叶。清楚显示叶的裂轴性与茎的复合性）

变成为互生。如果相互连接的上位节轴也按相似的状态演变，上下相互衔接的节轴在平面上必然因先后发育不同造成体积大小不同而构成的面积差使对位偏移。因此节轴上下段联合构成的次生茎秆呈上升旋转地扭曲生长，也由此使对生叶序逐步变为旋转的互生叶序。这一些形态比较十分清楚地显示出石松类的器官建造过程仍然是多级次生节轴模式。成株的互生叶是由幼苗的对生演变而来的。先有对生叶，由于对生两叶的不均等生长，造成一叶上升，再演变成为互生叶序。而不是先有互生越顶的顶枝再由聚合演变成对生。连续演变互生的叶序因生长发育过程造成的体积差异必然导致旋转。如果上位先熟叶位于下位先熟叶的左侧，就形成左旋；反之则构成右旋。这些都是客观现实的存在，在 *Lycopodium serratum* Thunb.、*L. clavatum* L.、*L. cernnum* L.等许多种类的石松上都可以看到。而这些与顶枝学说又恰好是相反的。也就说明石松的实例对顶枝学说是否定的，对多级次生节轴学说是肯定的。

石松种类很多，有性世代的原叶体，无性世代的茎、叶与孢子叶枝，形态各不相同。例如图36所示的*Lycopodium serratum* Thunb.，叶片宽大呈广披针形；*Lycopodium complanatum* L. 的节轴对生二裂呈菱形小叶片在茎秆上排列成四行；*L. clavatum* L.的叶细小呈旋转互生的短毛状。但是它们都是一次节轴二裂构成的简单小叶。

卷柏目（Selaginellales）

与石松目相近的卷柏目与石松目不同，它的原叶体分大、小不同的两种（图38）。大原叶体只长藏卵器，也就是呈雌性专性；小原叶体只长藏精器，也就是呈雄性专性。

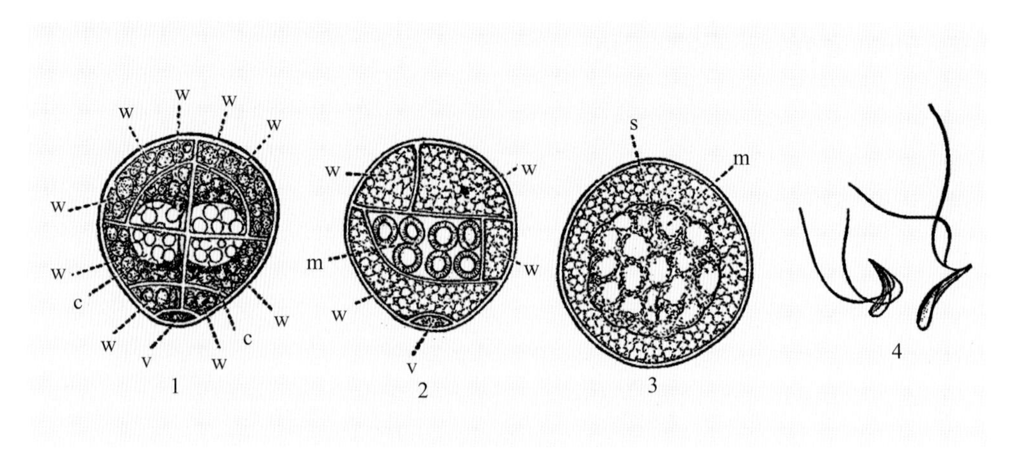

图38 *Selaginella* 的小孢子体

1. *Selaginella mariensii* 的小孢子体（雄性原叶体）：c. 中心细胞；v. 营养细胞；w. 藏精器的膜壁细胞 2、3. *S. stolonifera* 已形成多数精母细胞的小孢子体：m. 精母细胞；s. 膜壁细胞转化为黏液层；v. 营养细胞；w. 膜壁细胞 4. 精子

［引自池野第三二六图（Belajeff 原图）］

受精后的大孢子萌生出具对生叶的孢子体（图39）。起始幼苗的对生叶为构造简单的小叶，发展成成株后茎秆常匍匐地上，上、下两裂节轴构成的4列对生叶都因适应受光转向上方，节上的两片叶裂，上面一叶较小顺茎平卧，下面一叶较大与茎垂直横卧向外平伸。这是4列对生叶因茎秆匍匐受光源方向影响演化出的适应，从而改变4行对生叶的大小、方位与形状（图40、图41）。卷柏的小叶与石松不同，它由腋生节轴在叶上形成一小舌（图40-2）；在这一位置腋轴也有的发育成为大孢子囊与小孢子囊而转变成为大孢子叶与小孢子叶（图40-3、4）。从图41可以清晰地看到小叶次生的单一维管束向下进入上下节轴聚合构成的茎秆。但它的上下节轴的次生维管束汇聚在茎秆中构成简单的原生中柱，并可发育成多环式管状中柱与多体中柱（图42）。而石松则常构成外始式星状中柱。

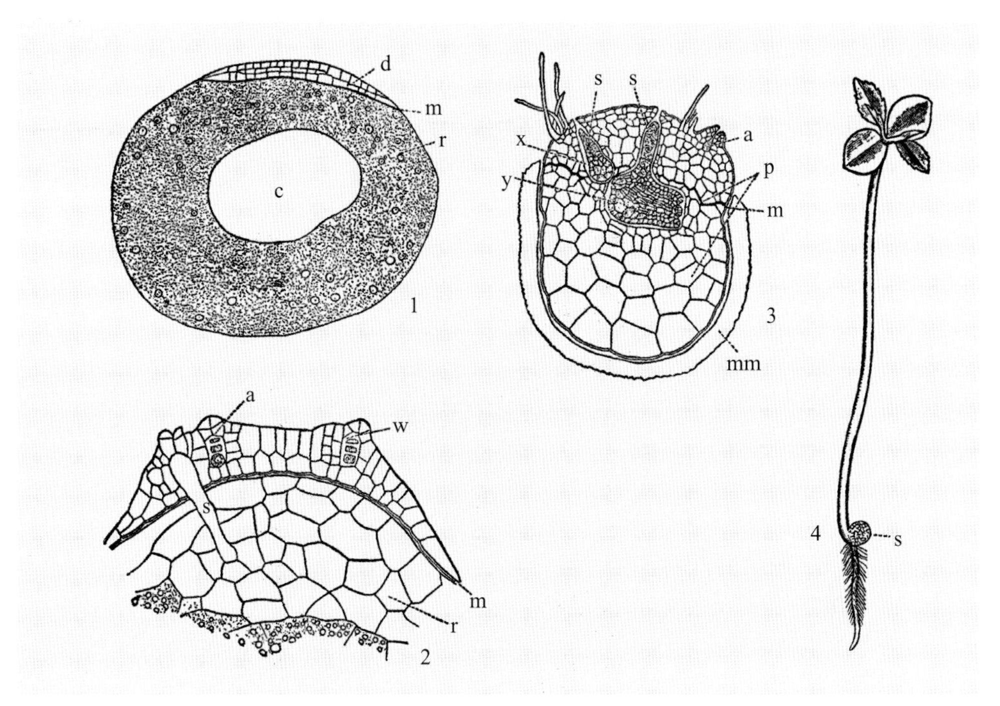

图39　*Selaginella* 的大孢子体及幼苗

1、2. *Selaginella kraussana* 的大孢子体（雌性原叶体）：a. 藏卵器；c. 中心腔；d. 盘状体；m. 横隔膜；r. 贮藏组织　3. *S. mariensii* 的大孢子体（雌性原叶体）：a. 藏卵器；m. 横隔膜；mm. 大孢子膜；p. 原叶体；s. 胚柄；x. 幼胚；y. 成长稍大的幼胚　4. 孢子体幼苗：具3对（三节次生节轴）对生叶，其中1对幼小叶片尚未展开：s. 大孢子

［引自池野第三二七（Campbell，Pfeffer 原图）及第三二八图］

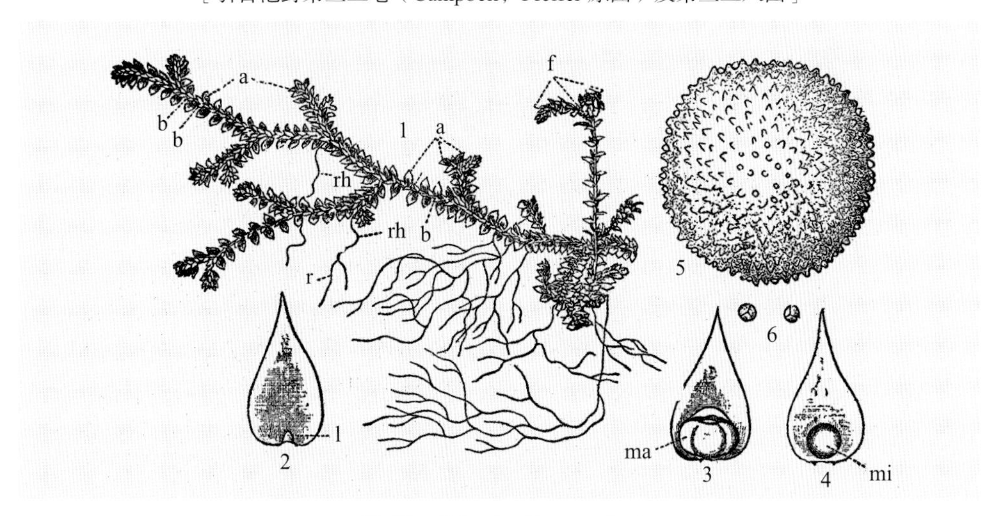

图40　*Selaginella savatieri*

1. 全植株：a. 茎下方外张的大叶；b. 茎上方贴茎的小叶；f. 孢子叶；rh. 根；r. 支根　2. 叶腹面观：l. 小舌　3. 大孢子叶：ma. 大孢子囊　4. 小孢子叶：mi. 小孢子囊　5. 大孢子　6. 小孢子

（引自池野第三二五图）

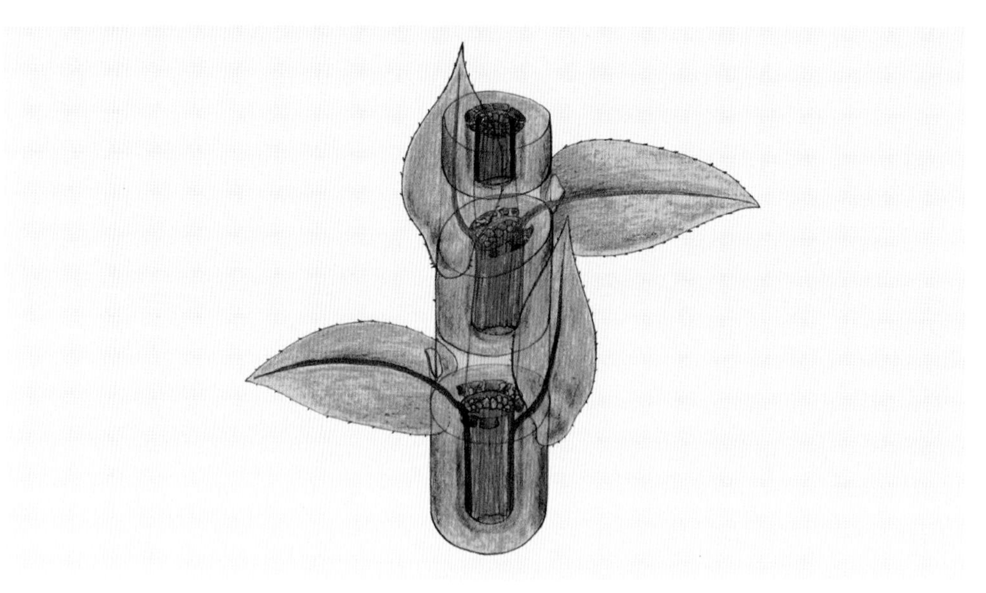

图41 *Selaginella savatieri* 叶的单一维管束下伸与中柱连接

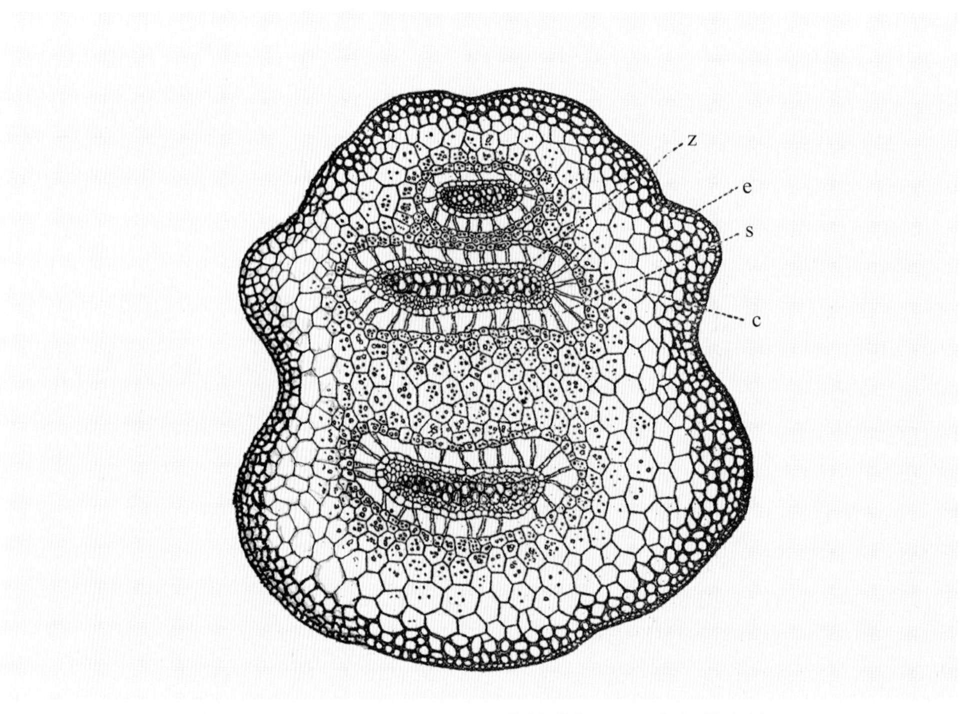

图42 *Selaginella inaequifolia* 茎的横切面，示多体中柱
c. 皮层 e. 表皮 s. 气腔 z. 中柱
［仿池野第三二四图（Sachs 原图）并补绘所缺部分］

四、木贼纲（Sphenopsida）

木贼的构造是典型的次生节轴构造。正是因为它的叶裂保持了它的原生状态，没有进行进一步的次生生长而形成鳞叶，因此也就体现了次生节轴的典型构造而没有发生进一步的演变。它的特点就是节轴上端多裂而形成轮生叶序。这是对顶枝学说最直接明显的否定，这也是顶枝学派无法解释的根本所在。所以G. M. Smith（1955）说“木贼类系列中轮生叶的来源，现在还不清楚”。

木贼有性世代的原叶体与苔类非常近似，分别为雌性与雄性两种（图43）。木贼的形态构造在苔类中基本上都可以找到，也就是说构成它的遗传特性在苔类中已经形成。可以说木贼类与苔纲（Hepaticae）的叶苔目（Jungermanniales）的关系可能比与角苔目（Anthocerotales）的关系更近一些。

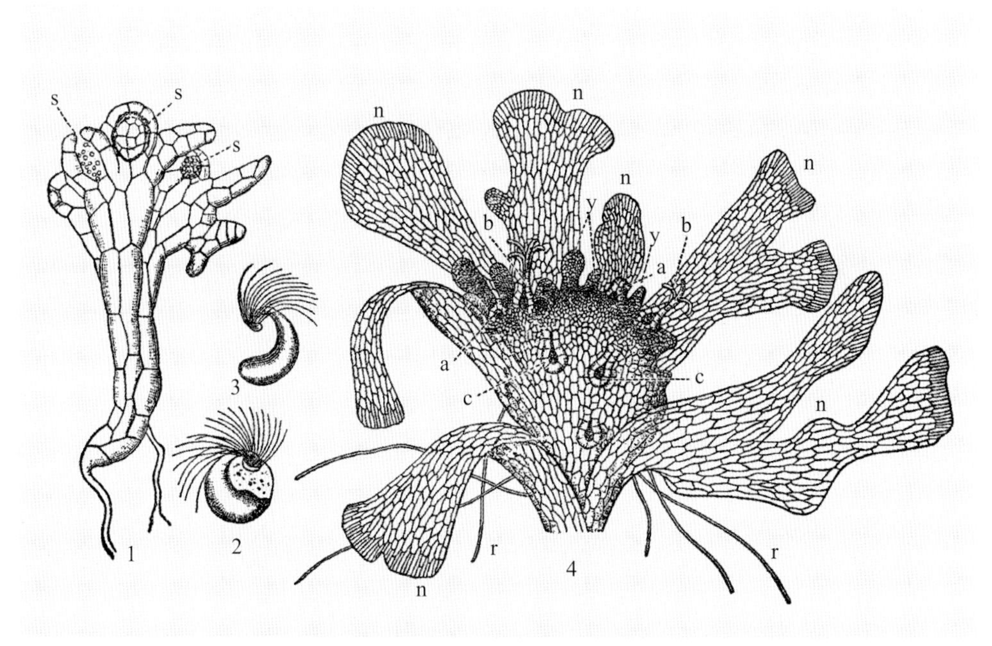

图43　*Equisetum arvense* 的雌性与雄性配子体

1. 雄性配子体：s. 藏精器　2. 尚未脱离精囊的精子　3. 成熟精子　4. 雌性配子体：a. 发育中的幼龄藏卵器；b. 发育成熟的藏卵器；c. 未受精的老藏卵器；n. 营养性原叶；r. 假根；y. 幼龄原叶体

（引自池野第三一三图）

木贼节轴上端多裂开裂的形态构造（图44）与地钱（*Marchantia polymorpha*）（图45）的芽皿十分相似。如果芽皿内腔底部的芽再重复形成芽皿的构造，就构成了木贼的形态。如果苔类的伞形孢子囊托聚合生长在一起（图46、图47），就构成了木贼的孢子囊托球。虽然它们之间相似的形态构造表现在不同的世代构造上（*Marchantia polymorpha*），但是也表现在相同的世代上（*Fegatella supradecomposita*）。地钱的芽皿是有性世代的构造；木贼相似的构造是无性世代。世代虽然不同，但形态相似，说明在不同世代的构造的遗传基因的作用过程是同一的，基因是近似的。木贼的这些基因与器官建造过程，在苔藓植物中已经出现。

图44是引自Gilbert M. Smith 1938年出版的*Cryptogamic Botany*的一幅图。图中可以看到雌性原叶体上的藏卵器中的卵受精后幼胚的发育过程。图44-G，幼胚的纵切，帽状体就像是个地钱芽皿的形态。幼胚只是由受精卵形成，不

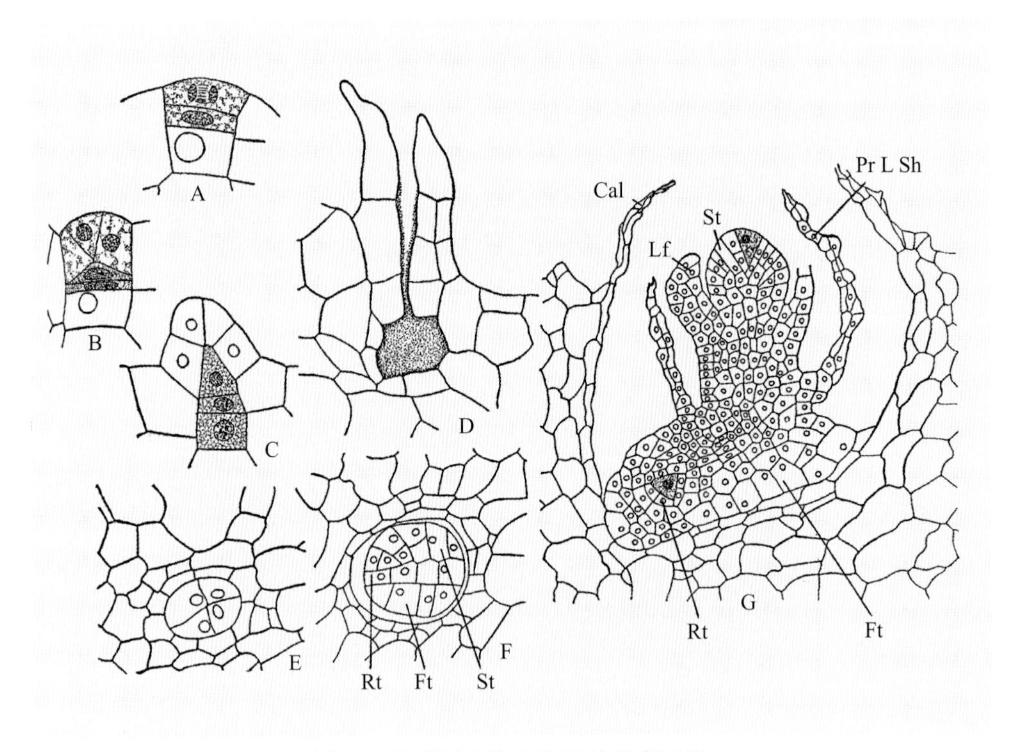

图44　木贼原叶体上幼胚的发育过程

A ~ C. *Equisetum telmateia* Eheh.　D ~ G. *Equisetum debile* Roxb：D. 已开口的颈卵器；E、F. 幼胚；G. 进一步发育的幼胚，示已形成3次次生节轴，2次已形成叶裂（Cal. 帽状体；Ft. 胚脚；Lf. 叶裂；Pr、L、Sh. 第1节轴叶裂）

（引自G. M. Smith，Fig. 140）

是由帽状体有性世代的组织形成，而地钱芽皿中的繁殖芽是由有性世代的组织形成。这个幼胚显示的三级节轴清清楚楚地展现了裂轴与次生节轴的腋生关系。Smith称为原叶鞘（primary leaf sheath）的构造，就是第一节轴的第一轮叶裂。图48与图49的木贼幼苗与成株更显示一个一个的节轴重叠着生，与它节上的轮生叶，是顶枝学说无法解释的客观存在。所以主张顶枝学说的Smith（1955）认为，木贼类系列轮生叶的来源现在还不清楚，并说："楔叶蕨类（*Sphenophyllales*）及其相近的植物是具有无柄而有二歧分枝叶脉的楔形叶，这种叶似乎是一种叶状枝。很多木贼类植物可以看到有单叶脉的不育叶，也许是一种不育的叶状枝退化的形式"。他用"似乎""也许"这种不敢肯定的词，说明他的解释是没有客观存在的事实为证据的臆测。

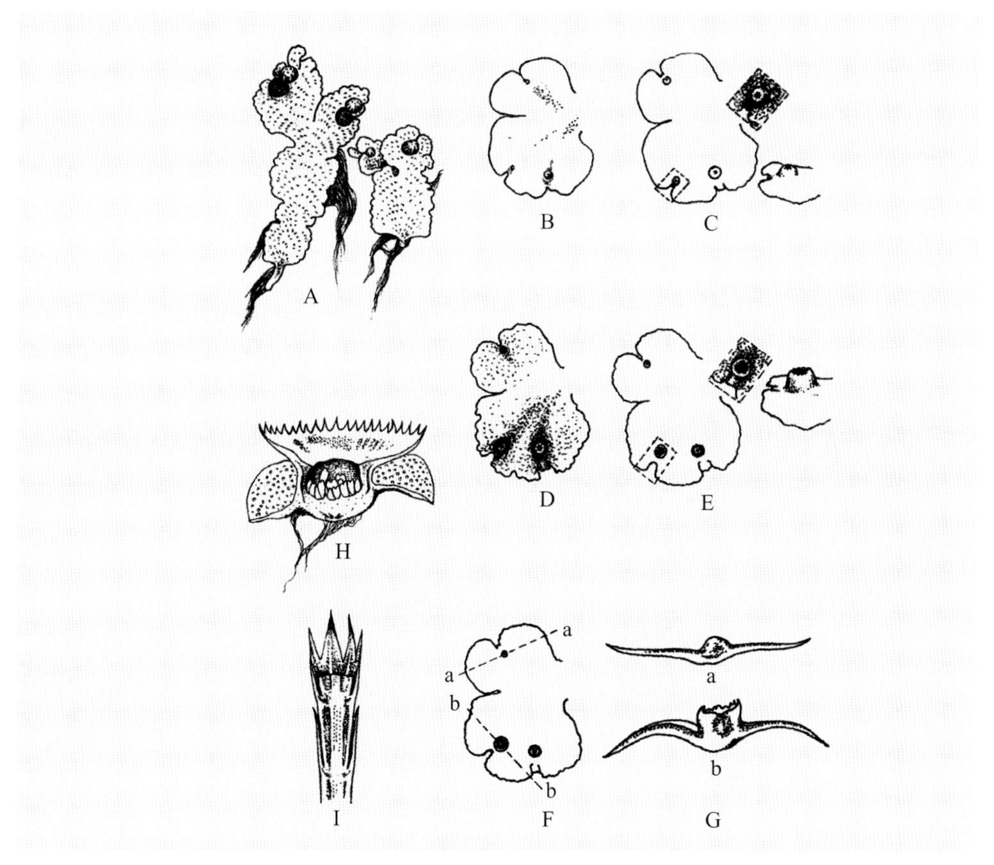

图45　地钱的芽皿构造与木贼次生节轴的比较

A. *Marchantia polymorpha*的芽皿着生状态　B. 初生幼龄芽皿　C. 初生幼龄芽皿局部放大　D. 上端开口已形成轮生叶裂的芽皿　E. 上端开口已形成轮生叶裂的芽皿局部放大　F. 幼龄期与成熟期芽皿比较　G. 同F横切，示内部裂腔的形成　H. 芽皿横切，示节轴内腔底部无性芽的生长　I. 木贼茎的纵切，示次生节轴的形态与木贼芽皿的相似性

图46 *Marchantia polymorpha* 与 *Fegatella supradecomposita*

A. *Marchantia polymorpha* 雄配子体，具伞状的精囊托 B. *Marchantia polymorpha* 雌配子体，具伞状的卵囊托与芽皿(g) C. *Fegatella supradecomposita* 的雌配子体及颈卵器中卵细胞受精后萌生的孢子体，上端具伞状的孢子囊托

（引自池野第二四三图及第二四五图）

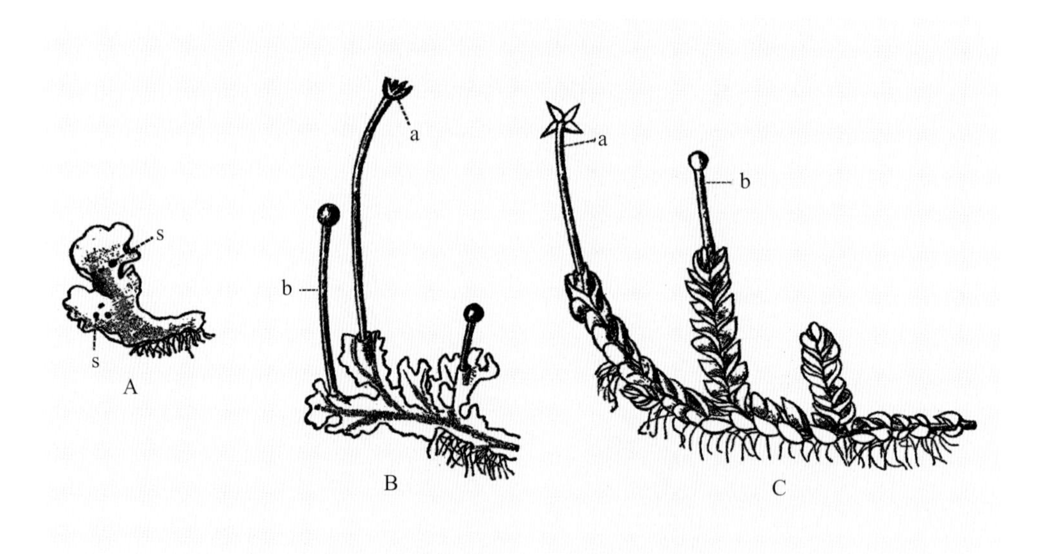

图47 *Pellia epiphylta* 与 *Nardia* sp.

A. *Pellia epiphylta* 雄性配子体：s. 藏精器 B. *Pellia epiphylta* 雌性配子体：a. 蒴已开裂的孢子体；b. 蒴未开裂的孢子体 C. *Nardia* sp. 示配子体已分化出叶裂：a. 蒴已开裂的孢子体；b. 蒴未开裂的孢子体

（引自池野第二三八图）

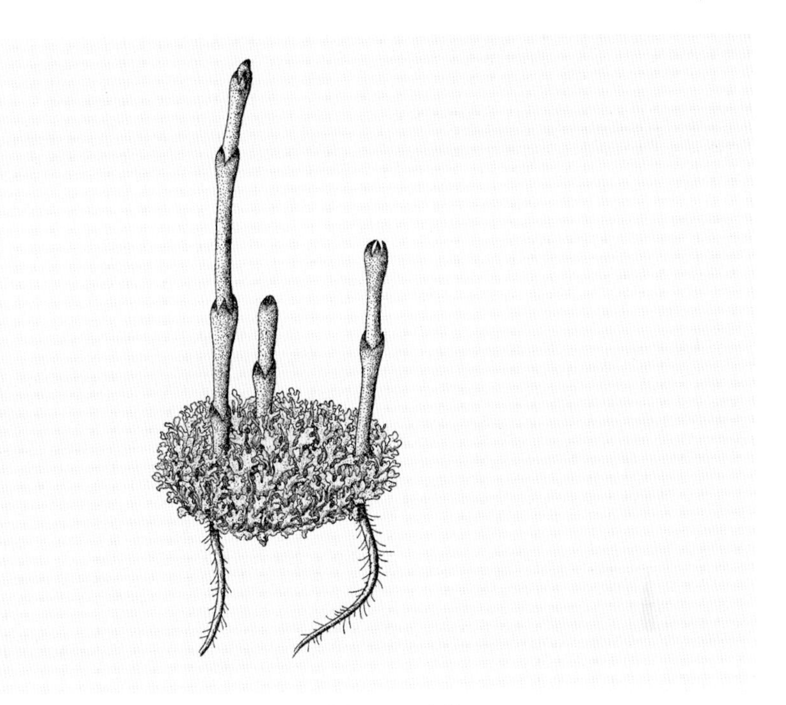

图48　木贼原叶体及其萌生的幼苗
（引自G. M. Smith，Fig. 141）

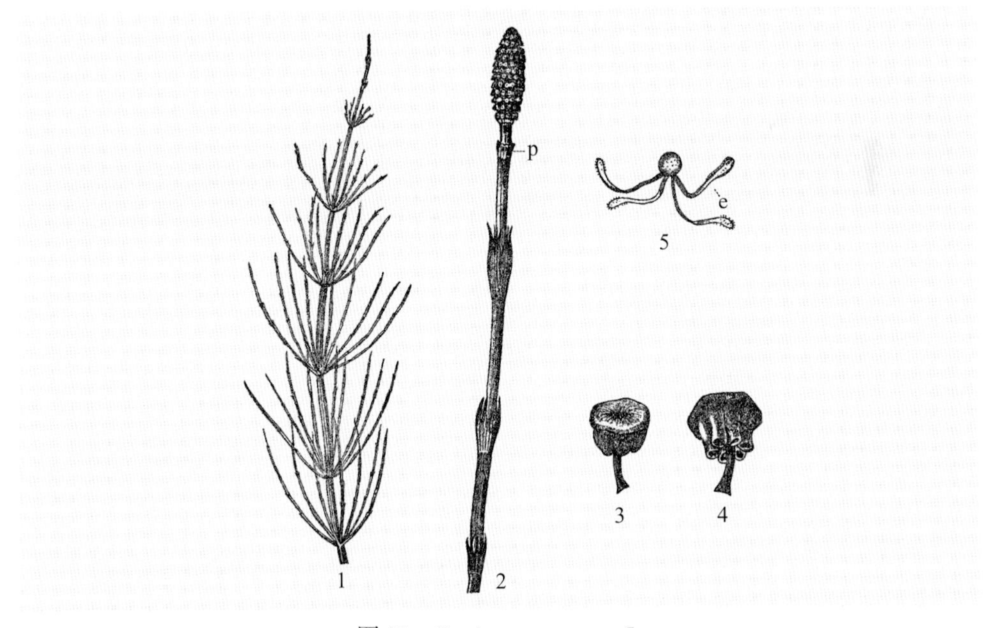

图49　*Equisetum arvense* L.

1. 营养枝　2. 生殖枝，示上端的孢子囊托球及轮生叶裂（p）　3. 孢子囊托及下垂孢子囊　4. 孢子囊托下侧面观，示已开裂的6个孢子囊　5. 有性孢子：e. 弹丝
（引自池野第三一一图）

图50所示的木贼茎的横切面，可以看到由轮生叶基部起始通入节间次生分化形成的维管束的详细构造情况。它不是顶枝学说所说的一个统一的中柱，而是轮生叶每一叶裂形成一条维管束伸入节间构成的多数分散组织，但汇聚成一环形维管束群。这也是对顶枝学说的否定。

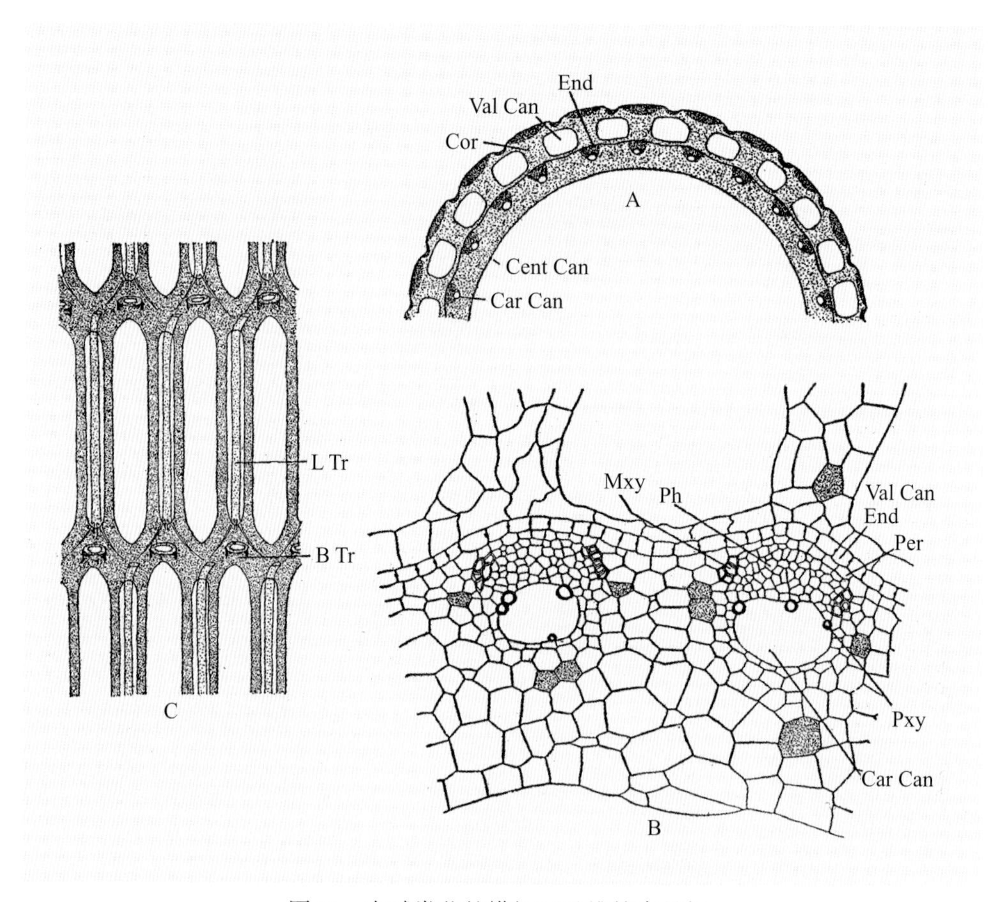

图50　木贼类茎的横切面及维管束骨架

A、B. *Equisetum telmateia* Ehrh. 节间横切面　C. 木贼维管束骨架模式图

（B Tr. 枝迹；Car Can. 脊下道；Cent Can. 中央沟；Cor. 皮层；End. 内皮层；L Tr. 叶迹；Mxy. 后生木质部；Per. 中柱鞘；Ph. 韧皮部；Pxy. 原生木质部；Val Can. 沟下道）

（引自Smith，1938，Fig. 135）

虽然在远古的中生代有不少蕨类演化形成巨大的乔木，但是在现代的蕨类植物中，除蕨纲的桫椤［*Alsophila spinulosa* (Wallich ex Hooker) R. M. Tryon］，以及同属的几个种以外，全是草本植物。绝大多数多节轴下段联合形成的次生性茎秆，都在地面匍匐生长，再向下生出次生根，即使茎

秆直立，也是形成层不发育，成为低矮的小草。只有桫椤直立地上形成粗大的小乔木，其基部四周向下生出须根。这两类茎秆形态构建的差异在于它们的节轴下端联合组成茎秆时其下端分生组织，也就是所谓的居间分生组织（intercalary meristem）持续生长的节奏稍有不同。桫椤在次生分化形成维管束前，联合在一起的下端居间分生组织旺盛的细胞分裂使它形成一个大型的基干，逐级节轴下端联合的居间分生组织都按同一模式生长分化，从而构建成一个粗大直立的柱状茎秆，使桫椤成为一个小乔木。草本的蕨类居间分生组织的细胞分生不像桫椤那样旺盛，而维管束分化早，上位节轴的下端分生组织的生长仅使茎秆伸长而成为节间。而它们大多数都没有形成层(cambium)的分化，不能形成次生增粗，因而比较纤细。在一些石松与蕨类具有形成层能够产生后生木质部的类群，形成层的分生也很微弱，并且很快就老化，茎秆也就不再增粗，大多数不能直立而匍匐地上。

第二节　种子植物（Spermatophyte）

植物演化到高等的种子植物，配子体完全寄生在孢子体内，与苔藓植物恰好成一个反转。没有绿色的配子体独立营生的原叶体时期，寄生在孢子体上的配子体精卵受精以后发育成新一代的孢子体。新一代孢子体的第一节轴的上端形成的第一叶裂，就成为特殊的子叶，其下端演化成根或退化成为次生根的根套。与它一道生长发育的另一细胞与通过花粉管进入的另一精核受精发育成供幼胚生长发育时的营养源泉——胚乳。配子体上寄生的孢子体的卵细胞与具有双核的胚囊细胞同时进行的这两种受精，成为种子植物特有的双受精。这些雌性配子体以及它们受精构成的孢子体发育成为的休眠幼苗与胚乳，都寄生在上一代的孢子体上，由几重节轴的叶裂包被保护着，成为一个休眠状态下的繁殖器官，即种子。根据种子是裸露在外或再包被在子房中，把其分为两大类，裸子植物与被子植物。以下分别来看这些裸子植物与被子植物的初生与次生节轴是如何组建它们的器官的。

一、裸子植物（Gymnosperm）

现代的裸子植物大多数都是一些次生维管束系统发育非常强大的植物，绝大多数都是一些高大的乔木。由于强大的次生维管束的生长发育，掩盖了初生组织结构，导致人们把分节段的茎轴看成是统一的整体。它们的叶裂除苏铁类外，都是不再发生次生生长的小叶构造，只有大孢子叶可能是由多个叶裂构成。

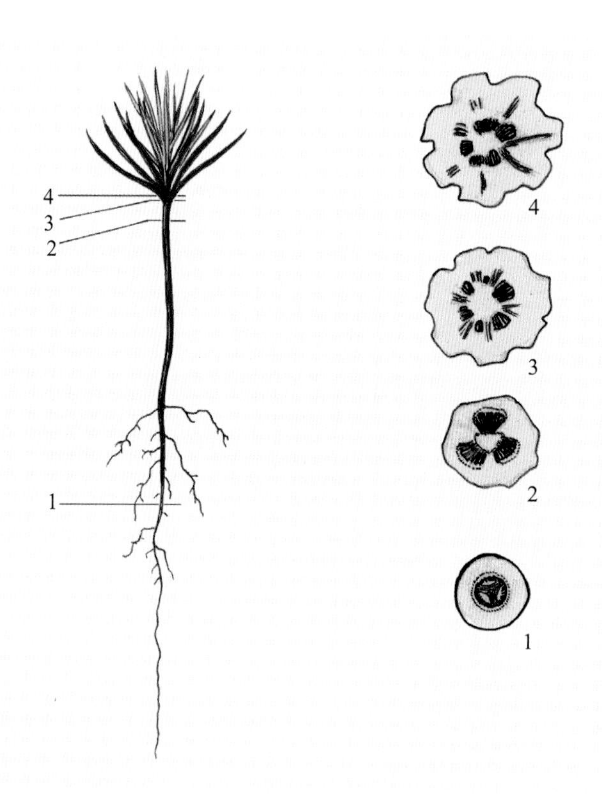

图51 *Pinus massoniana* Lamb. 的幼苗

[示多裂的子叶与早期即特别发育的次生木质部与韧皮部构成乔木的特征（图中设色不是天然原色，而是模式化设色，以便分清各个不同节轴的维管束系统）]

松类（*Pinus*）是裸子植物中常见的类群，第1节轴下端形成胚根，上端分裂成多裂的子叶（图51）。萌发初期，子叶也是吸收胚乳营养物质的吸收器官。成苗后，由胚根中柱外萌生的多数次生根与主根（胚根）形成强大的根系从土壤中吸收水分与无机营养；子叶伸出地面后成为第1级的轮生绿色子叶，进行光合作用合成有机物质。第2节轴以上的叶裂由于不均等生长而扭曲上升成为互生，这些叶裂构成简单的小叶。在高位小叶腋腋芽形成小枝，这种小枝实际上是由多重节轴形成叶裂的叶丛（图52-C）。最上一级节轴因不同的种，可以是二裂、三裂或五裂，并伸长成为绿色进行光合作用的“松针”，下面节轴的叶裂则成鳞叶。这种营养性小枝基本上没有茎秆形成，并在老化以后成整束脱落。这样的构造是松科的特征。

图52　*Pinus radiate* D. Don 的枝丛

A. 三年生的松枝：第一段鳞叶腋松针已脱落，残留鳞叶；第二段鳞叶腋腋轴构成松针；第三段腋轴松针尚未萌生，只有鳞叶包着茎轴　B. 鳞叶　C. 鳞叶腋五级次生节轴，下面四级开裂成为对生鳞叶，第五级开裂成为三片松针

主秆或枝秆节轴叶裂形成鳞叶（图52-B），次生维管束的木质部与韧皮部快速生长发育，形成木质的茎秆与粗厚皮层。待下一周期，其上端再长出新茎秆的同时，其鳞叶腋也长出上述松针。这一有规律的调控的生理机制，也应当是使松成为高大乔木的机制。调控这一生理机制的基因，也应当就是使松成为乔木的主要基因的一部分。众所周知，植物进入开花期应当有一个生理转变，如像小麦有一个春化期（vernalization），这也是松成为乔木应有的另一个重要的生理进程。完成这样的进程，对松树来说，要经过几年到十几年的生长，不像小麦经过一次低温期就完成了春化。这也是高大的乔木与一、二年生的草本不同的地方。这种乔木的茎秆的维管束的形成层向内不断分生新的木质部，向外分生韧皮部，使茎秆不断增粗增大。这种次生生长可以持续成百上千年，使松成为多年生高大乔木。与松相近的美洲红杉不但生长上千年，树高可达两百多米，主干直径达三四米。

柏类与杉类也是与松类相近的高大乔木，它们也具有与松相近似的形态与生理构造。但它们不具有松树那样的鳞叶与松针。这是它们与松的区别，它们的绿叶都是小叶，没有二次以上的次生节轴构造，叶脉都是简单的单脉。但是，正如前述，它们的大孢子叶却是由多次次生节轴构成的复合叶（图53-A ~ F、M），它们的营养性绿叶都是双裂对生（图54、图55）或多裂轮生（图53-G）的小叶。这样的器官构造完全不符合顶枝学说的概念，却清晰地显示出多级次生节轴的模式。

银杏（*Ginkgo*）是古老的裸子植物，在中生代十分繁茂，现今只孑存一种，即*Ginkgo biloba* L.。它是在中国西南地区躲过冰期的严寒，现今又移植生长遍及世界各地，说明它有很强的适应能力。它的叶脉是二歧分枝（图57-A），似乎是顶枝学说的模式。但是不应忘记现代植物生理学的实验确切证明叶脉是次生性的构造，并不是枝构成的，生长素流迹二流合一形成二歧，也是常态之一。从叶序来看，它的子叶是二裂对生的（图56），它的腋芽的对生鳞叶清晰可见（图57-C，箭头所指），它的互生叶序是由对生叶序的对生叶不均等生长发育上升错位构成的。先有对生，后有互生，这与顶枝学说的对生来自互生的聚合背道而驰。从叶柄横切面来看（图57），叶脉所显示的是裂轴的形态。银杏显示它的器官是由多级次生节轴构成的。对生叶序的对生叶不均等生长发育上升错位构成互生，因此一叶先发育成熟相对比另一叶更大。第2节轴的叶裂同样上升错位构成互生，在同一时期也发生叶裂的相互愈合部分有相互的体积差异，因此造成互生叶序旋转。如次生节轴先熟叶在右，因

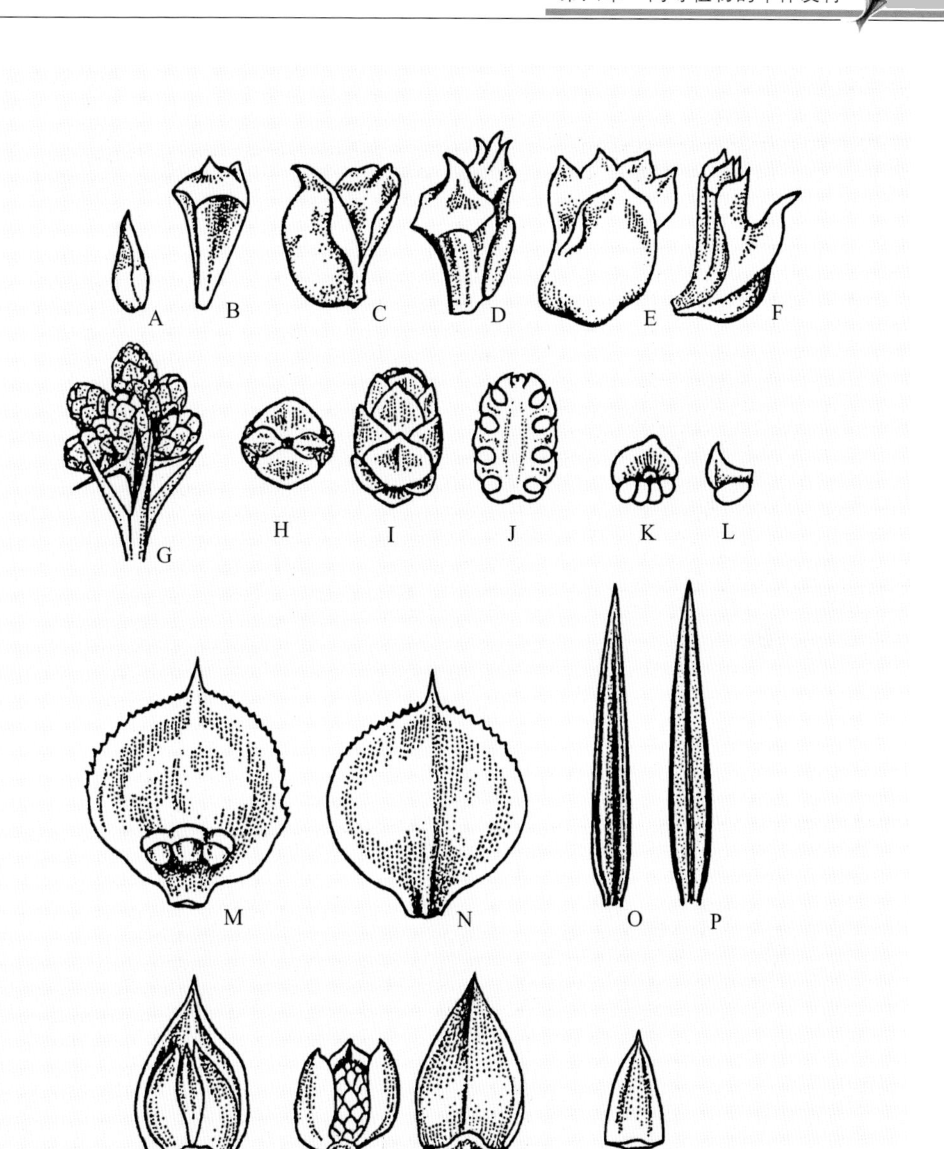

图53　*Cryptomeria fortunei* Hooibrenk ex Otto et Dietr. 及 *Cunnjinghamia landeolata*（Lamb.）Hook.

A ~ L. *Cryptomeria fortunei*：A. 单一叶裂构成的不育大孢子叶；B. 两级两个叶裂腹背愈合构成的大孢子叶；C. 两级三个叶裂（1 + 2）腹背愈合构成的大孢子叶；D. 两级四个叶裂（1 + 3）腹背愈合构成的大孢子叶；E. 两级五个叶裂（1 + 4）腹背愈合构成的大孢子叶背面观；F. 同E，侧面观；G. 雄球果枝，示轮生三针叶；H. 雄球果下面观，示对生小孢子叶；I. 同H，侧面观；J. 同I，纵切；K. 小孢子叶腹面观，示4个小孢子囊；L. 同K，侧面观　M ~ T. *Cunnjinghamia landeolata*：M. 大孢子叶腹面观，示3个并列生长腹背愈合的第二级次生叶裂上着生的3个大孢子（种子）；N. 同M，背面观；O. 营养性针叶腹面观；P. 营养性针叶背面观；Q. 小孢子叶及其鳞叶包被的腋生的小孢子囊球；R. 同Q，小孢子囊球；S. 同Q，小孢子叶腹面观，它与鳞叶与小孢子囊球不愈合；T. 不育的小孢子叶

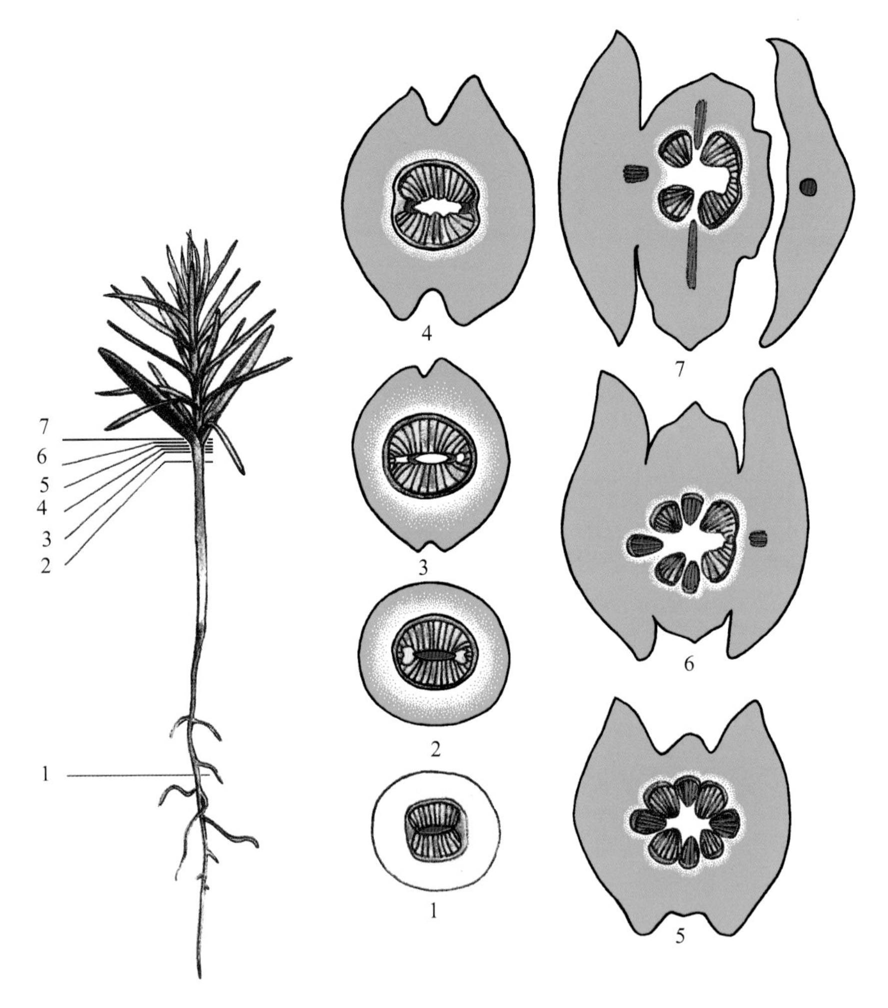

图54 *Cupressus duclouxiana* Hickel 的幼苗，示二裂的子叶及其维管束系统
（清晰地显示二裂次生节轴模式：正红色为第一节轴——子叶节轴的维管束，并示乔木的强大的次生维管束发育。图中设色不是天然原色，而是模式化设色，以便分清各个不同节轴的维管束系统）

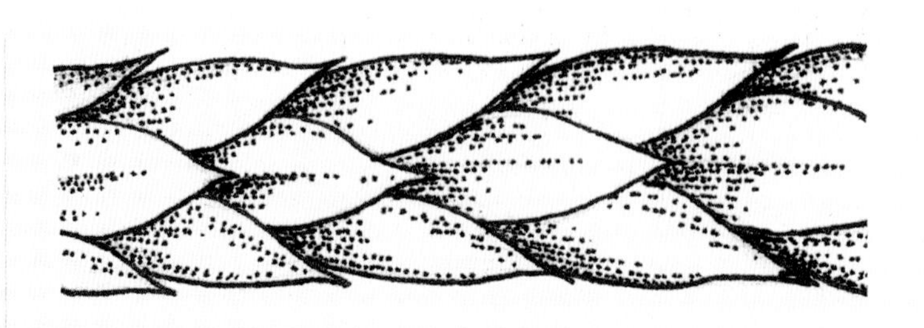

图55 *Cupressus duclouxiana* Hickel 的小枝一段，示对生叶序

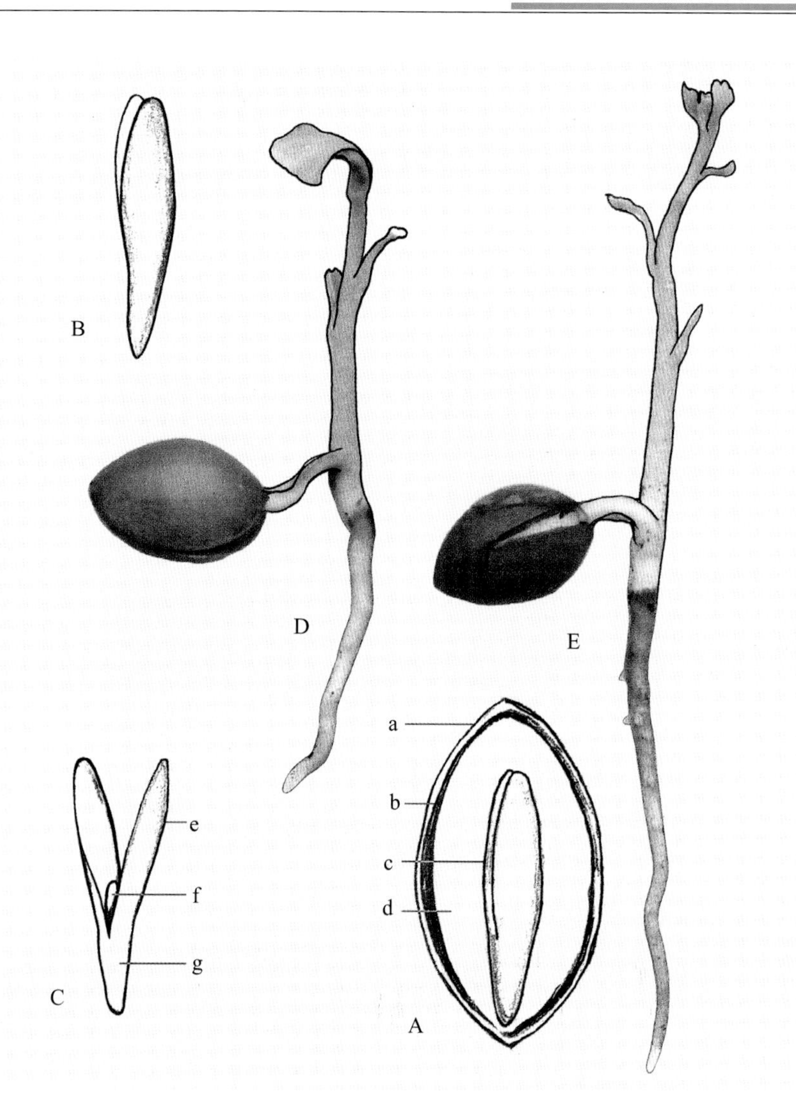

图 56　*Ginkgo biloba* L. 包埋在胚乳中的幼胚及刚萌发出土的幼苗

A. 种子：a 外种皮；b 内种皮；c 幼胚第一节轴上端构成二裂对生的子叶，不开裂的下端形成下胚轴与胚根；d 胚乳　B. 从种子中分离出来的幼胚　C. 从种子中分离出来的幼胚人为地分开子叶（e）显露第二节轴构成的真叶（f），下端为第一节轴形成的胚根（g）　D、E. 幼苗，示第二节轴以上各节轴的二裂对生的叶裂，不均等发育较幼嫩的一叶裂继续生长发育上升错位构成互生

体积差，右大于左，则形成右旋互生叶序；如次生节轴先熟叶在左，则形成左旋互生叶序。这种器官发育的构造形式在石松的一些类群中早已看到。就银杏而言，同一株树上不同的枝，叶序有左旋的，也有右旋的。由此可见，银杏叶序的左旋或右旋，是随机的，而不是恒定的遗传控制。银杏的子叶与腋芽的鳞叶是对生外，其他真叶基本上都是互生。也就是说，它的两片对生

真叶间发生生长差很早。从幼苗来看，自第2节轴开始，两叶裂间就发生生长差异。从腋芽来看，除鳞叶是对生外，真叶叶裂都呈现生长差，造成真叶互生的特征。

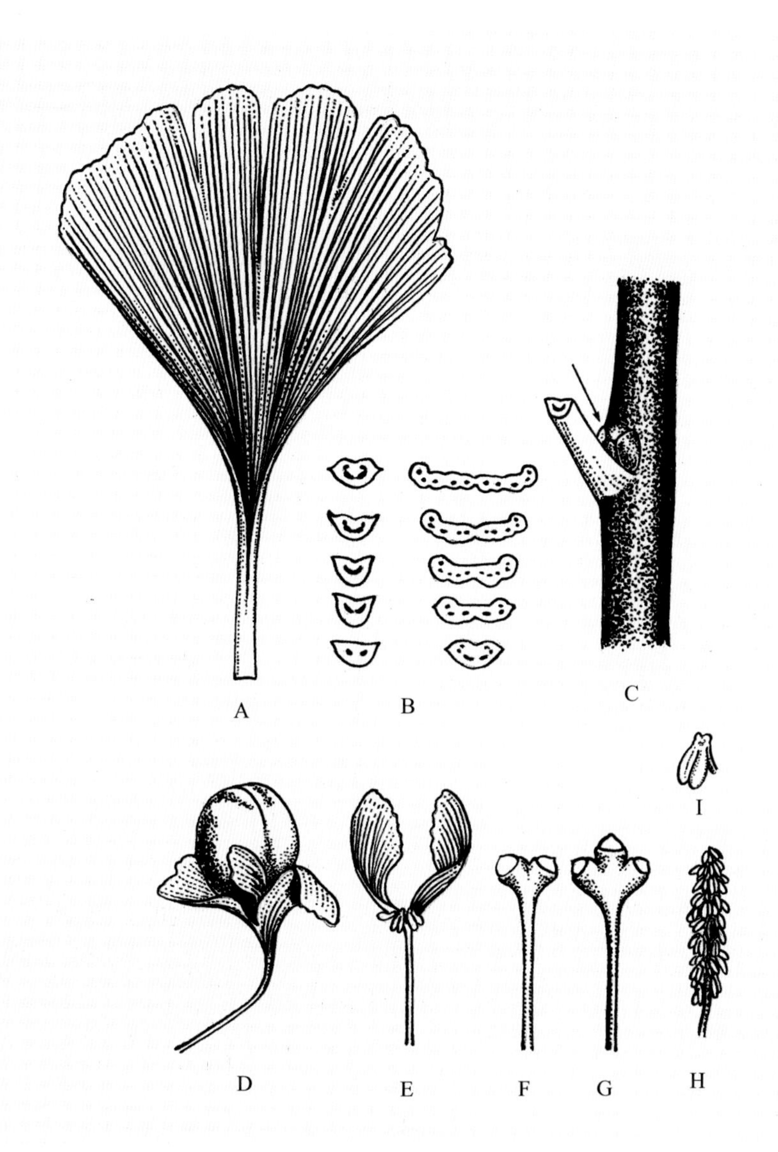

图57 *Ginkgo biloba* L. 叶性器官

A. 叶，示二歧分枝的叶脉 B. 叶柄横切，示二歧分枝的叶脉合为一束再分为两束进入茎中与其他维管束联合 C. 叶腋的腋芽，箭头所指为对生的鳞叶 D. 叶上着生的种子（引自池田第三八三图：5） E. 叶上着生的小孢子囊 F. 大孢子叶，具一对胚珠 G. 大孢子叶，具一对胚珠腋再形成第三个胚珠 H. 小孢子囊序 I. 小孢子囊

苏铁类也是孑存物种，现今只有两个属，*Cycas* 分布在东亚，*Zamia* 分布在美洲。它们是裸子植物中仅有的由多级次生节轴构成复合营养性大叶的物种，它们的幼胚第一节轴上端仍然是二裂对生的子叶（图58），成为吸收内胚乳的器官。无论它的次生构造怎样掩盖它的原生状况，幼胚的构造仍然清晰地显现多级次生节轴的模式，即第一节轴上端开裂形成两片子叶，下端形成胚根，子叶腋再萌生第2节轴，发育成第一级真叶。由此不断新生的节轴上端裂展形成新的绿叶，下端聚合构成复合的茎秆。由于多个节轴下端分生组织构成的居间分生组织汇聚生长形成一个粗大的茎秆，其次生维管束的形成层又不再继续生长增粗，使它的次生性茎秆成为木质化的圆柱状构造。这种茎秆的构建形式，在蕨类的桫椤科（Cyatheaceae）中已经看到。胚根与次生根发育成为粗壮木质化的须根系，多级次生节轴发育成羽状复合叶。这样的柱状茎秆与羽状的复合多节轴的大叶，就构成苏铁的特殊的形态特征。苏铁的形态构造在裸子植物中是独一无二的，但是其茎秆、叶子与被子植物中的棕榈科的形态构造相近似。叶裂的维管束向下通入茎秆中，而没有形成层形成的木质部与韧皮部的持续生长，茎秆不能继续增粗增大。它与松柏、银杏、乔木状态的茎干完全不一样。

图58　*Cycas revolute* L. 的幼胚，具二裂子叶及螺旋状卷缩的胚柄

（引自池野第三六八图）

苏铁（*Cycas*）孢子体是雌雄异株，大小两种孢子叶与复合多节轴构成的羽状营养性绿叶一样，也是复合多个次生节轴构成的，但是它们在形态上与羽状营养性复合绿叶有很大的差异，如图59-B、D。大量的小孢子叶聚合在雄株顶部形成一个硕大的小孢子叶球（图59-A）。大孢子叶也聚生在雌株顶部（图60），它聚生的形态与营养性绿叶近似，而不像小孢子叶聚合成叶球。这一点也是亚洲的苏铁属（*Cycas*）与美洲的*Zamia*属在形态上存在的巨大差异。小孢子叶背部，密生次生节轴并发育成小孢子囊（图59-C）。小孢子囊内形成的小孢子母细胞经减数分裂形成小孢子，即雄性配子体。它完全寄生在上一代孢子体上。在大孢子叶上，近大孢子叶柄的两侧各有3 ~ 4组多重次生节轴演化形成的种皮，它的中心的次生节轴形成的卵母细胞经减数分裂形成卵细胞，与胚囊细胞以及助细胞构成配子体，它也是寄生在上一代孢子体构成的种皮之中，双受精后形成新一代的孢子体——幼胚与胚乳，连同上一代孢子体发育形成的种皮成为休眠状态的繁育器官——种子。

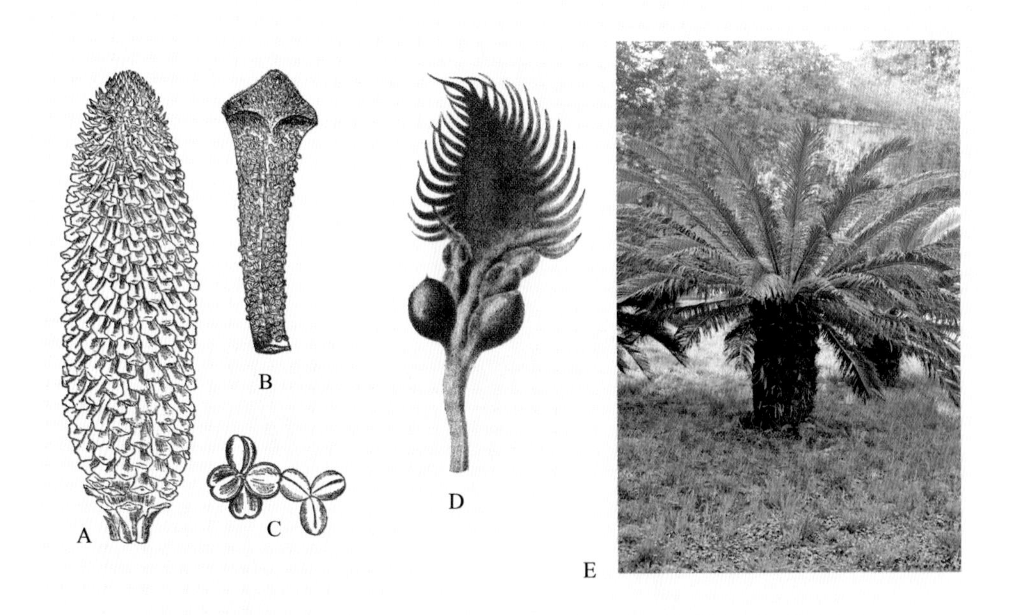

图59 苏铁（*Cycas revolute* L.）的雄性与雌性孢子叶及植株

A. 小孢子叶球 B. 小孢子叶 C. 小孢子囊 D. 大孢子叶，示叶上着生的两排6个大孢子（引自池野第三六二与三六三图） E. 全植株

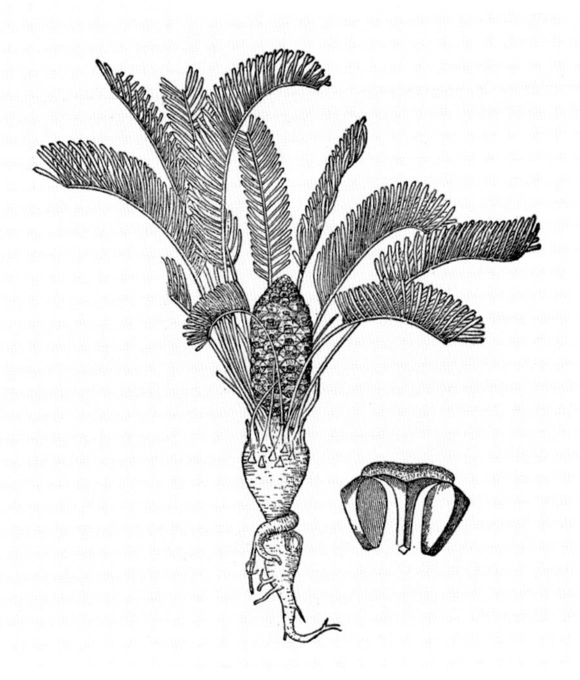

图60　*Zamia floridana* DC.的雌株与具两个大孢子的大孢子叶
（引自池野第三五八图）

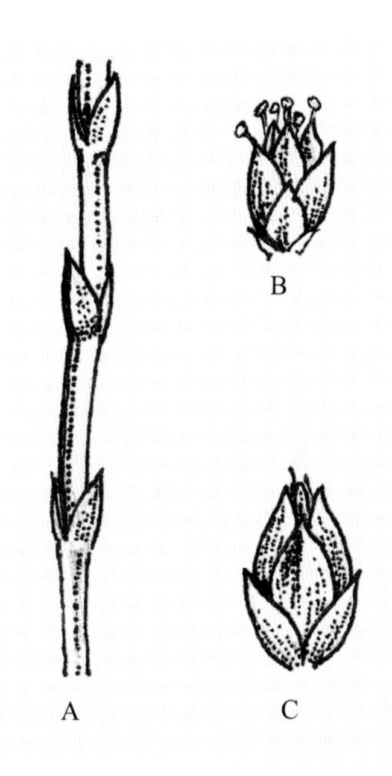

图61　*Ephedra intermedia* Schrenk ex Mey
A. 茎杆的一段，示对生的叶裂　B. 小孢子叶球，示对生的小孢子叶　C. 大孢子叶球，示对生的大孢子叶

麻黄是裸子植物中的灌木，它的结构完全是次生节轴模式的典型构造，对生叶裂一段一段地相互连接构建而成（图61）。虽然它的次生维管束系统也发育强健，木质化产生程度也很高，但是形成层没有持续分生木质部与韧皮部，茎秆不能持续增粗，因此成为低矮的灌木。它的茎秆完全保存了次生节轴模式的初始形态，没有被次生构造掩盖了原生形态。

百岁兰（*Welwitschia mirabhilis* Hook. f.）是一个非常奇特的西非干旱区域特有的裸子植物，生长期可达百年，所以人称“百岁兰”。二裂子叶（第1节轴叶裂）之上，第2节轴二裂，形成两片巨大的绿叶。第2节轴下端分生组织长期保持分生状态不断生长，使两片绿叶不断伸长更新（图62）。除二叶裂植株外，还有多叶裂的植株存在。绿叶腋（第2节轴腋）萌生的腋轴形成生殖枝（图63），构成生殖枝的节轴上端膨胀中空但未完全开裂，只是呈现半开裂状，构成下部联合的两片对生小叶。百岁兰所显示的完全是典型的次生节轴器官构建模式。它特异之处是两片单节轴构成的巨大绿叶，虽然叶尖枯死，但得到基部居间分生组织的不断生长更新，而使两片巨型绿叶能生活百年。第1节轴下端发育形成的主根上，再生次生根，根中次生的维管束系统的形成层产生的后生木质部与韧皮部的不断生长与分化，形成粗大的主根系。这就构成百岁兰独有的特殊形态特征。

裸子植物中有4类完全不同的构造：第一类是松、柏、银杏高大粗壮的乔木。第二类是茎秆不能继续增粗的小乔木苏铁。第三类是草本灌木麻黄。第四类是仅具两片巨大绿叶的百岁兰。它们在器官形态构建上有如此巨大差异的原因在于次生构造生长的生理节奏有所不同。

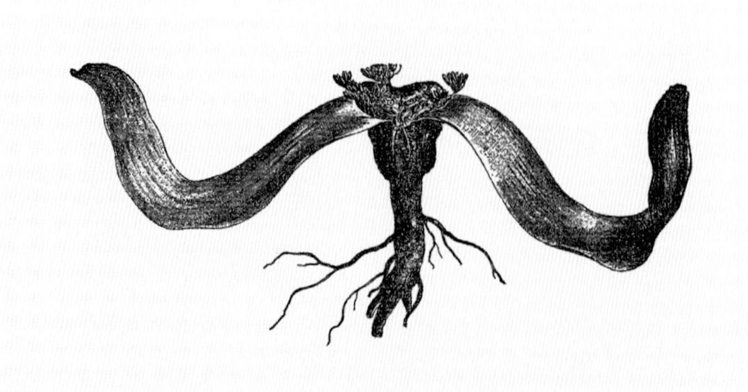

图62 *Welwitschia mirabhilis* Hook. f.
（引自池野第三九九图）

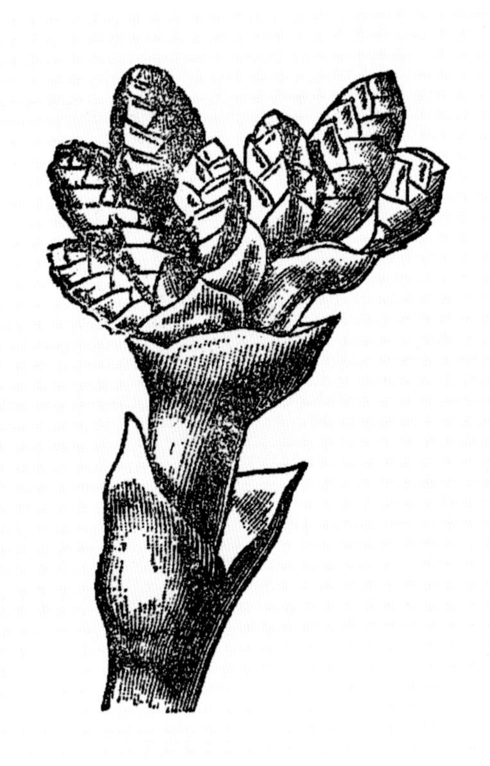

图63　*Welwitschia mirabhilis* Hook. f. 的雄枝及其上着生的小孢子叶球，示对生叶裂
（引自池野第四〇〇图）

像松柏与银杏这样高大的乔木，是它们在节轴初生时上、下节轴彼此之间相间期很近，节轴的下端都处于分生组织状态，伸长生长形成节间。它们在分化维管束时彼此相间在联合构成的茎秆中排成一环。在维管束的韧皮部与木质部之间仍然长期保持分生状态成为形成层原始细胞（cambial initial），演化成为一圈分生组织层，即称为形成层（cambium）的分生组织。这个形成层向内不断分生木质部，向外分生韧皮部，使茎秆不断增高的同时，形成层的生长使它不断增粗增大，形成巨大的乔木。

苏铁，如前所述，虽然多节轴下端的分生组织也形成一团巨大的分生组织、形成粗大的茎秆，但是它没有形成形成层，也就不能再增粗。

麻黄虽然构造与松柏相似，但形成层没有松柏那样活跃，因而成为低矮类似草本的灌木。

百岁兰十分特殊，第2节轴形成两片巨大的绿叶，其下端的居间分生组织不断生长使这两片（或多片）特殊的大绿叶不断伸长，构成它特有的形态。

二、被子植物（Angiosperm）

被子植物有两大类，第一节轴上端构成子叶的叶裂，一类是单裂，形成一片子叶，即所谓的单子叶植物（monocotyls - monocotyledon）；另一类是双裂，形成两片子叶，即所谓的双子叶植物（dicotyls- dicotyledon）。对众多的单子叶植物与双子叶植物检验的结果来看，无一不是以次生节轴模式来构建其根、茎、叶、花、果等不同器官的，其中没有一个是以顶枝模式来建造这些器官。

（一）单子叶植物

对单子叶植物，先来看3个有代表性的典型：一是百合科的洋葱（*Allium cepa*），它是特化程度很小、接近原型的类群；是草本，次生维管束系统不发达，没有掩盖原生构造。二是棕榈科的棕榈（*Trachyoarpus fortunei*），它是小乔木，粗壮如柱的次生性茎秆掩盖了它的原型构造，但它的初生幼苗仍然清晰地显现原生构造而未被次生生长所掩盖。三是小麦（*Triticum aestium*），它是幼胚特化程度较高的代表。从这3种相差非常大的植物的幼胚比较来看，虽然形态有很大差异，但是它们的节轴构造还是近似的。洋葱第1节轴上端其尖端虽然是吸收胚乳营养的吸收器官，但是它出土后大部分构成第1绿叶；下端成为胚根，为吸收土壤中水分与矿物营养的器官。叶裂腋新生的次生节轴构成第2绿叶，节下中柱外萌生第二条根（图64-A）。棕的幼苗与洋葱十分近似，只是第1节轴上端出土后不形成绿叶，只是一个吸收胚乳的构造。它的第2节轴半开裂构成胚芽鞘，这个胚芽鞘并不形成绿叶，只具保护功能。第3节轴后的节轴才形成绿叶（图64-B）。小麦的第1节轴完全特化成为专门吸收胚乳的吸收器官——盾片，第2节轴上端半开裂形成胚芽鞘，节上中柱外生长出次生根。次生根穿过第1节轴，第1节轴相关组织就构成胚根鞘（图64-C）。

百合科洋葱（*Allium cepa* L.）的绿叶的构造（图65）与前述大麦基本上是相似的，也是由多次次生节轴构建而成，只是没有大麦绿叶那样复杂。外叶舌退化，构成叶片的次生节轴不再新生节轴，因此叶片上没有缢痕。构成

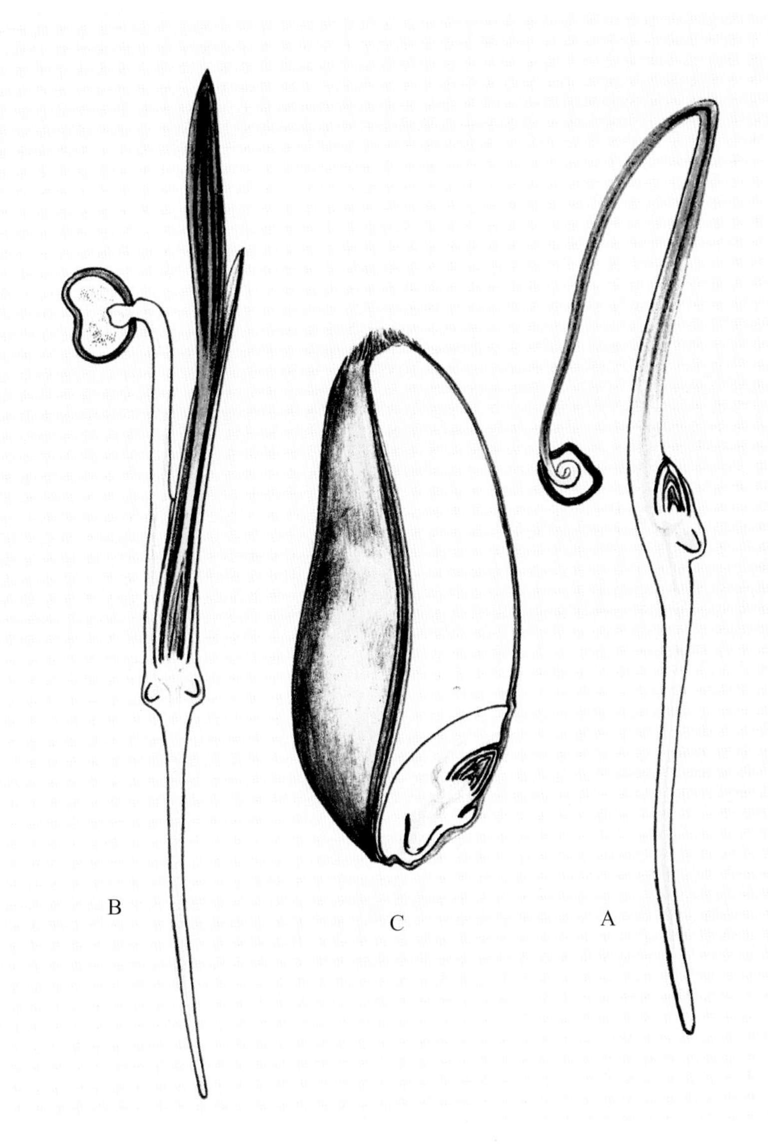

图64　单子叶植物的幼苗纵切面

A. 葱的幼苗第1节轴上端叶裂成为第1绿叶，其尖端形成吸收胚乳的胚叶；第1节轴下端形成胚根　B. 棕的幼苗第1节轴上端叶裂成为第1绿叶，其尖端形成吸收胚乳的胚叶；第1节轴下端形成胚根　C. 小麦的种子纵切，清楚地看到它的第1节轴全构成吸收胚乳的胚叶，根全是次生根。对照葱苗的纵切，可以清楚地看到相对一致的节轴关系

叶片的节轴膨大中空而未开裂，因此呈管状构造（图65-C、D）。与它相近同一个属的韭菜（*Allium tuberosum* Rottler ex Sprengel）与大蒜（*Allium sativum* L.）叶片只是膨大平展而不中空开裂。

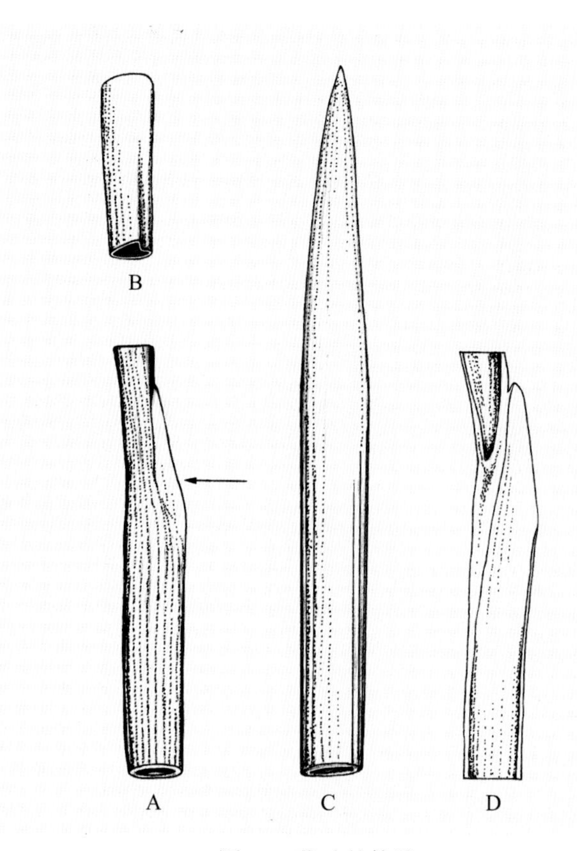

图65 葱叶的构造

A. 叶鞘上段与膨胀中空的叶片下段，箭头所指是内叶舌 B. 膨胀中空的叶片下段 C. 膨胀中空的叶片上段 D. 叶鞘上段与膨胀中空的叶片下段纵剖面，示叶鞘、叶片、内叶舌相互关系，外叶舌退化不见

再来看棕榈科的棕榈，它的第1节轴上端形成吸收胚乳功能专一的吸叶。通过上部次生分化形成的5 ~ 6根维管束将胚乳中的营养物质下输供幼苗的生长发育。这5 ~ 6根维管束在近基节处又分化成更多束通到膨大的基节。基节是多个次生节轴下端汇聚的一个复合节，这些次生节轴下端都是分生组织（图66），这些节间分生组织（intercalary meristem）汇聚在一起并且长期分生生长形成的基节对棕榈形成粗壮的茎秆起着关键的作用。这些汇聚在一起的节间分生组织的次生生长使节轴复合组成的茎秆增粗，使它成为乔木而不是一株小草，也使它与双子叶乔木不同的是它没有维管束中的形成层，不能不断增粗。居间分生组织分生结束，也就特化成维管束及其相间的木质程度较高的髓部细胞，其增粗生长也就停止（图67）。居间生长也是顶枝学说无法解释的，而却是两极生长的次生节轴的客观存在的确切证明。

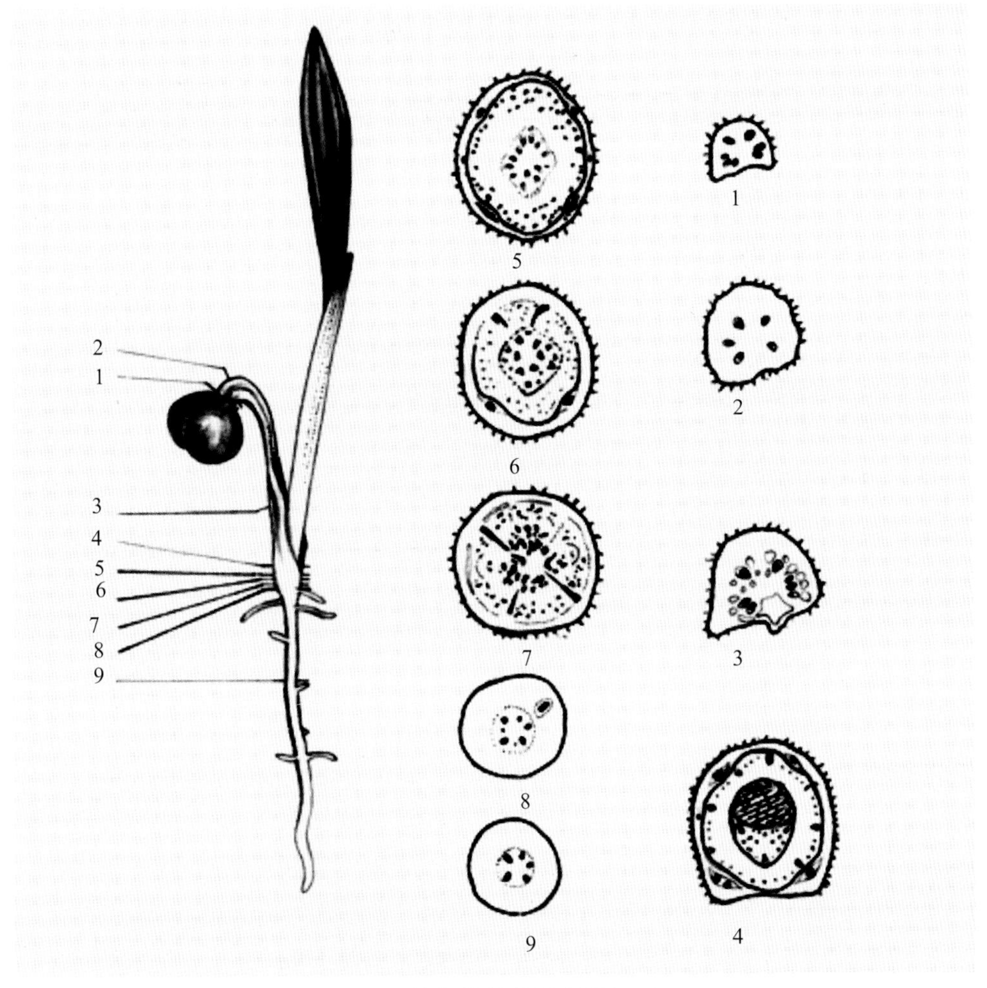

图66　棕榈的幼苗及其横切面
（说明：图上数字仅表示部位对应）

棕榈的复合叶的构造也与钩芒大麦的颖相类似，由众多的节轴构成羽状复叶，如椰子、枣椰。羽状复叶小叶节位的聚合，从而构成半掌状复合叶，如蒲葵；到掌状复合叶，如棕榈、棕竹。

蒲葵与棕榈、棕竹的内叶舌与禾本科的内叶舌是完全相同的构造，但蒲葵的主脉下部两侧的蹼连突起是否与禾本科的外叶舌相当，有待进一步研究。由于蒲葵的这种构造覆盖着多数小叶的着生节位，以一种简单的外叶舌构造（构成叶鞘的外层节轴上端）来说明是不对的。其构造特点却与雀稗属（*Paspalum*）支穗轴两侧的蹼连构造十分近似（见图14），即雀稗属支穗轴两侧的蹼连构造也是覆盖着所有支穗轴（相当于小叶）着生节位。但它们也有

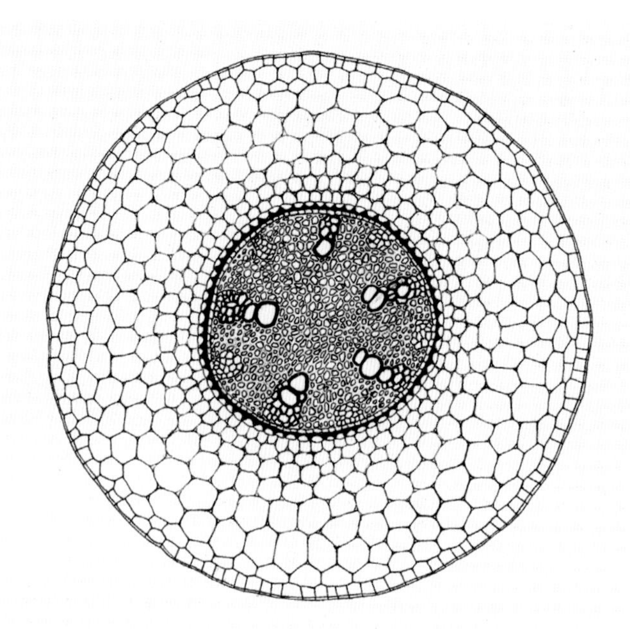

图67 棕榈的胚根横切面，示没有形成层的中柱与木质化的髓部细胞

不同之处，禾本科的这种蹼连是位于支穗轴的上方，而蒲葵的这种构造是在支穗轴的下方形成。然而这一不同之点并不具有不可逾越的原则分歧。这种次生的蹼连构造在支穗轴上方或下方形成视这种次生生长上、下方的生理状况而定，与上方或下方的特定位置无关。这种实例在高等植物中是累见不鲜的，例如前面看到的钩芒大麦颖上两个节轴互为背向开裂就是一例。

众多的小叶，也就是众多的节轴，次生分化形成的众多的维管束都向下通入叶柄，使叶柄内形成多层次均匀平行下伸的维管束。这些维管束在叶柄基部，也就是叶裂基部，成一环通入多节轴下端联合构成的茎中。众多叶裂的维管束，一环套一环地平行下伸于节轴联合构建的茎秆中，并与下面的维管束相衔接而构成一个维管束网络整体。

它的初生胚根，虽然能够伸长，其上也可再生支根，但是没有横向分生的形成层，不能增粗，营养与水分的吸收受到局限。在茎秆的基节上，萌生大量的次生根而形成单子叶植物特有的须根系，从而在保证硕大植物体的营养与水分的供给外，也保证了对硕大植物体的支撑。这些须根，与胚根上形成的支根一样，是由中柱外形成的次生生长点发育形成的。在茎秆基部的次生生长点，比胚根上的次生生长点营养供应更好，生长更旺盛，因而更粗壮强大。反过来，这些强大粗壮的须根也能吸收更多的水分与溶解在水中的营养物质供硕大的植物体的消耗，以及有能力对硕大植物体进行支撑。单子叶植物与双子叶植物不同，这些器官的大小、强度，在生长初期就已定型，不像双子叶乔木，具有终生存在的分生组织——形成层，可以用后续生长来弥补，使根与茎增大增粗。

禾本科小麦可以作为一个代表，图68显示小麦萌发初期幼苗的构造，图中H显示麦粒萌发成幼苗时的全貌。幼小的鞘叶自第2节轴叶裂——外胚叶叶腋中生出。三条次生的所谓胚根、基部的胚根鞘，是第1节轴与第2节轴下端的组织构成。专性吸收器官——盾片，是特化的第1叶裂。第1节轴上端构成

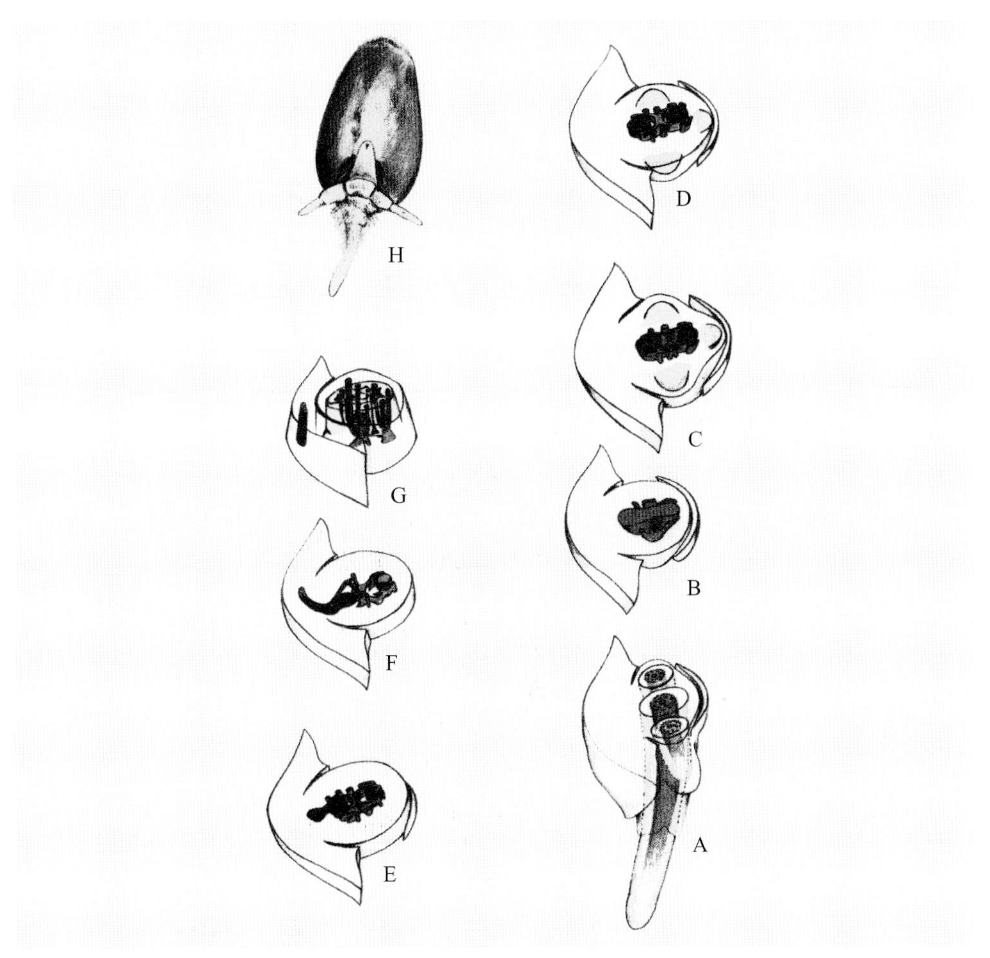

图68 小麦幼胚的结构

A. 幼胚下端，示第1节轴构成的吸收胚乳的胚叶与胚根鞘，第2节轴构成的鳞被与3条次生性胚根 B. 示次生性胚根维管束与上位节轴维管束汇聚成节 C、D. 在节上，新形成3个次生根原基 E、F. 示胚叶次生性维管束与其他节轴次生性维管束相互连接的构造 G. 示胚叶维管束中段，以及胚芽鞘两条次生性维管束，与上位节轴维管束相互连接关系 H. 萌芽普通小麦粒外观

的盾片分化出较大的维管束输送来自盾片吸收胚乳的营养；第2节轴——外胚叶没有维管束的分化；第3节轴建成的鞘叶，在普通小麦中分化出两条维管束，且与来自上位节轴的维管束集结在一起彼此相连，同时下连次生根的维管束，构成幼苗节，形成幼苗时期彼此相通的输送系统。

从图69显示小麦叶性器官的横切面来看，具单一维管束的芒刺状复小穗到扁化复小穗，维管束从1条增加到3条，再到5条。节轴继续膨大扁化，并形成中空再到开裂，维管束更新增到10条以上。再演化成颖、外稃与内稃，因体积与面积增生的不同，形成相适应的不同数量的维管束。叶鞘的维管束数量更多，这是与其大量的运输功能相适应的。维管束是后生组织，它是以赤霉酸的形成与流径而使得初生薄壁细胞分化而来的，它源于输导生理的状况，而不是顶枝学说认定的原生性的。

再来看小麦叶的构造。图70-A、B为胚芽鞘腹与背的半侧面，它只有两条维管束，由一个中空的节轴构成，只是上端开裂。小麦要经过春化期以后才拔节抽穗。拔节前的基生叶（图70-C、D、E）叶鞘也只是上端开裂。最初的基生叶的叶片构造也比较简单，叶片上看不到缢痕，叶耳、叶舌也不发育（图70-C）。较上位的基生叶，它的叶鞘也只是上端开裂；叶耳、叶舌初具雏形；缢痕位于叶片的上中部。拔节后的茎生叶，叶鞘仍未完全开裂（图70-F），直到旗叶（箭叶）才完全开裂（图70-G、H）；叶耳、叶舌充分发育，缢痕位于叶片尖端（图70-I）。小麦叶鞘与叶片内维管束的数量随叶体增大而增加。观察这些叶的构造，必须与钩芒大麦的钩芒构造相比较，从钩芒大麦的钩芒演化可知，叶耳是两个背向原颖愈合后再分成两开的，叶耳就是两个节轴在两个节位上愈合演化形成的。大麦、小麦及其他禾本科植物的节，实际上是由两个以上的节轴演变形成。缢痕是几个节的平展，也就是说它是由两个以上的节轴构成的。这个论点是从钩芒大麦的颖芒演变的实例得来的。它是一个复合节，这样的复合节在小麦的茎生叶上有3个：一个是最下面的叶垫（图71-A、B、C）；再一个是叶鞘、叶片、叶舌与叶耳相连接的叶环（图72-A、B）；最上面一个就是缢痕。从大麦钩芒上的复合节的实例来看，这些复合节都是3个以上的节轴建成的。按旧形态学的看法，小麦的叶是“单叶”。事实上，小麦的叶是由10个以上的节轴构成的一个复合叶，与石松、卷柏、松、杉、柏、麻黄、百岁兰的真单叶的构成完全不同。但对于雄蕊，花丝是一个节轴，花药则由两个背向相连的两个节轴构成。其中的花粉——有性世代的配子体，是构成花药的节轴内（腋）的花粉母细胞经减数分裂演变而来

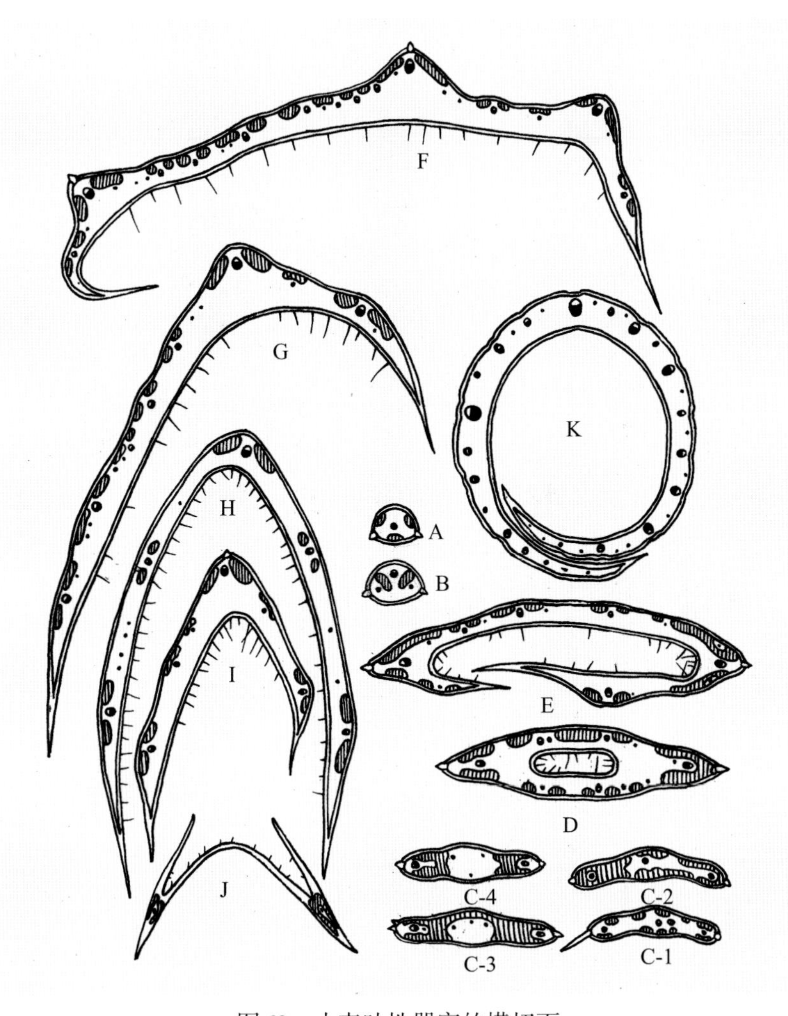

图69　小麦叶性器官的横切面

A. 具单一维管束的芒刺状复小穗　B. 具三条维管束的膨大芒刺状复小穗　C. 四种不同程度的扁化复小穗　D. 具内腔的膨大扁化复小穗　E. 开裂的扁化复小穗　F. 初具雏形小花的复小穗颖片　G. 发育充分的复小穗颖片；H. 外稃　I. 未充分发育的复小穗外稃　J. 内稃　K. 叶鞘

的（图73）。不过这些分生的薄壁组织细胞团，不向两极分化生长成轴，每个细胞各自发生减数分裂形成花粉，成为下一个有性世代的生命形式。雌配子的形成也与此相似。在花器的最上部，膨大中空的节轴构成子房，内中再生的节轴构成种皮。种皮节轴内再新生的节轴初始的细胞经减数分裂形成新一代的4个配子体细胞，其中一个再经3次分裂发育成含7个细胞的配子体植物。上端3个细胞1个发育成卵细胞，2个成为助细胞。中间1个细胞只进行核分裂，而未发生胞质分裂，从而发育成为含双核的大型的胚囊细胞。基部3个成

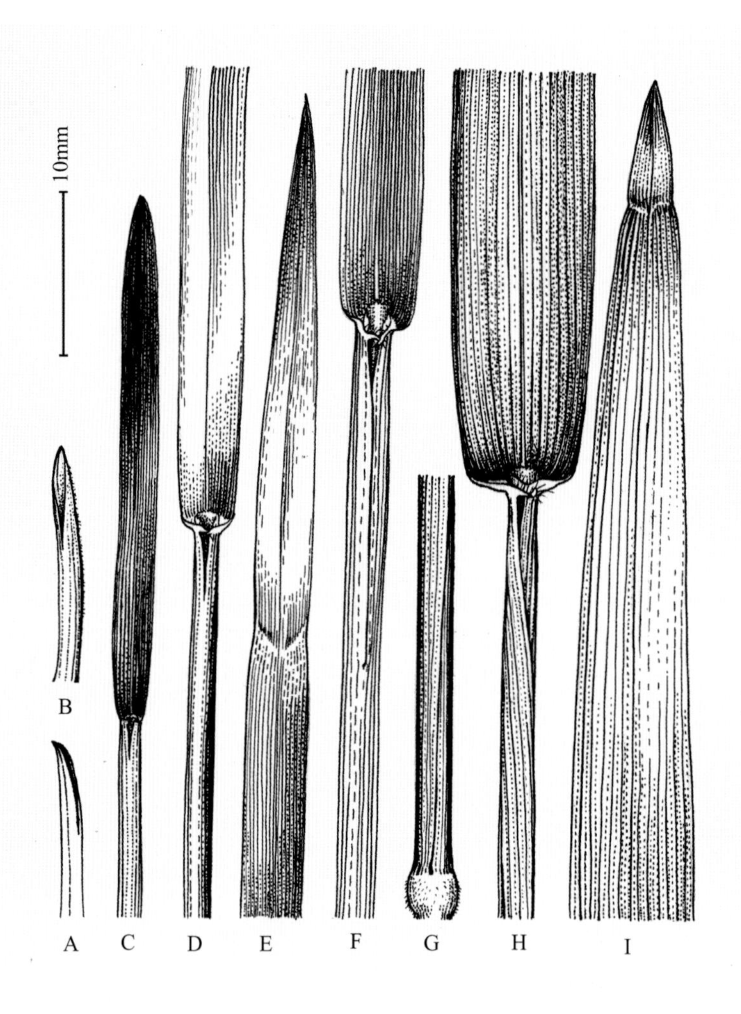

图70 小麦叶的形态结构

A. 胚芽鞘侧面观 B. 胚芽鞘半侧面观，示上端开裂口 C. 基生叶，示叶鞘上端开裂口很短，叶耳与叶舌不发育，叶片无缢痕 D、E. 下部茎生叶，示叶鞘不完全开裂，叶耳与叶舌开始形成，叶片缢痕位于叶片中上部 F. 中上部茎生叶，叶鞘仍未完全开裂，叶耳与叶舌发育良好 G、H、I. 旗叶（剑叶），示叶鞘完全开裂，叶耳与叶舌发育良好，缢痕位于叶片近尖端

为对足细胞。这就是包括小麦在内的种子植物的配子体植物的构造，它寄生在上一代孢子体的种皮节轴之中，直到卵细胞受精后发育成新一代孢子体——幼胚，胚囊细胞受精发育成内胚乳，没有独立生存的时期。

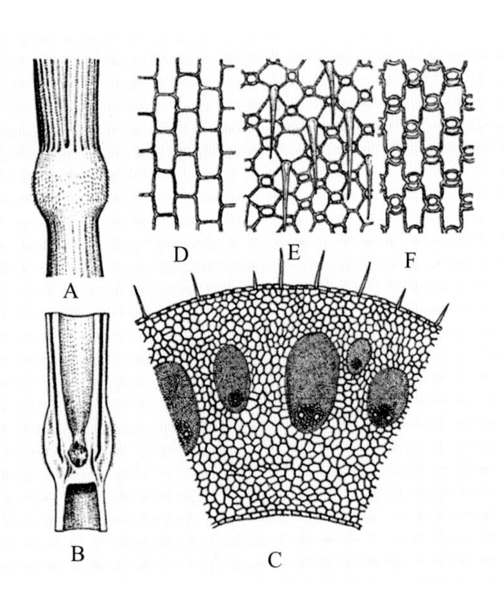

图71　小麦节的构造

A. 普通小麦节间上端、节与旗叶叶鞘下段，示叶垫　B. 普通小麦节间上端、节与旗叶叶鞘下段纵剖面，示节间与肥大增厚的叶垫　C. 叶垫横切　D. 节间表皮细胞　E. 叶垫表皮细胞　F. 叶鞘表皮细胞

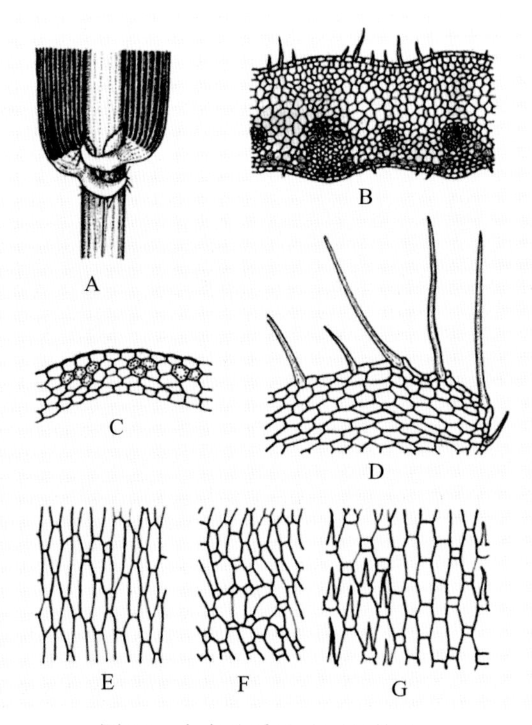

图72　小麦叶舌及叶耳的构造

A. 抱茎的叶鞘与叶片下部，示叶耳、叶舌与叶环的形态构造　B. 叶环横切　C. 叶舌横切　D. 叶耳局部，示边沿的长毛　E. 叶舌表皮细胞　F. 叶环与叶耳过渡区的表皮细胞　G. 叶环内上面表皮细胞

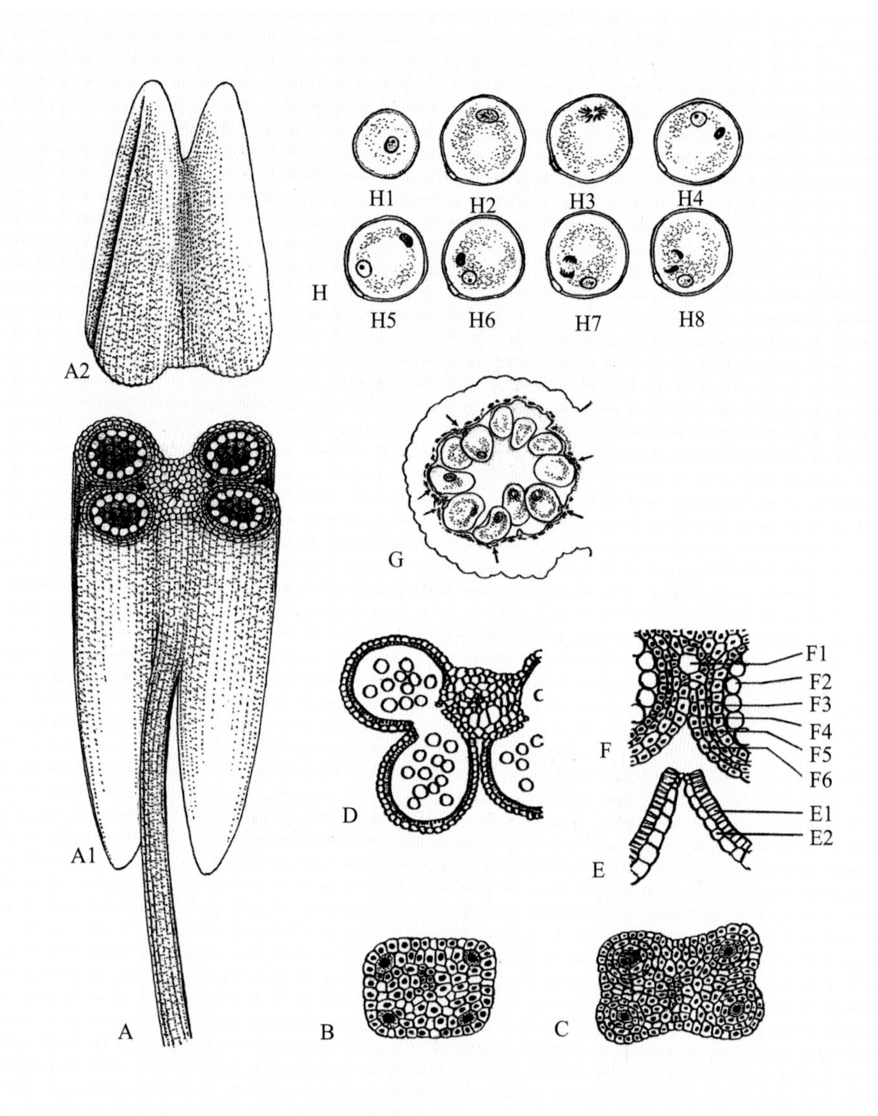

图73　小麦雄蕊的构造

A．近成熟的雄蕊构造：A1. 花药横切，示内部构造与中、下部外部形态；A2. 花药上端的外部形态　B. 幼小花药横切，示四棱表皮下细胞形成胞原细胞，具有较大的核与浓稠的细胞质　C. 近一步发育的幼小花药横切，示四棱由胞原细胞平周分裂形成的药壁内层细胞，以及在中心形成的花粉母细胞　D. 成熟的花药横切，示内中的花粉粒　E. 成熟花药药壁：E1. 纤维层；E2. 表皮　F. 近成熟的花药横切面局部，示药壁的构造：F1. 开裂孔；F2. 花粉粒；F3. 毡绒层细胞；F4. 中层细胞；F5. 纤维层细胞；F6. 表皮细胞　G. 发育中期花药横切，示花粉粒在花药中的排列，箭头指示花粉萌发孔的位置　H. 花粉粒的发育过程：H1、H2. 单核期；H3、H4 ~ H6. 双核期；H7. 第2次雄配子核分裂—精核分裂；H8. 三核的成熟花粉粒

（图D、E、F仿Percival，1921；图G、H仿木原，1937）

水稻（*Oryza sativa* L.）的构造与小麦、大麦的构造基本上是一致的。它的第1节轴形成吸收内胚乳的盾片与根鞘（图74-C）。腋生第2节轴形成中空、上端开口的胚芽鞘。秆生叶，叶垫上的叶鞘开裂直到叶垫；叶舌、叶耳发育良好，只是外叶舌退化不显现（图74-A）；缢痕明显（图74-B箭头所指）。了解了小麦、大麦这些相同构造是如何演变来的，水稻的这些构造也应当是由节轴以相同的演化程式演化而来。

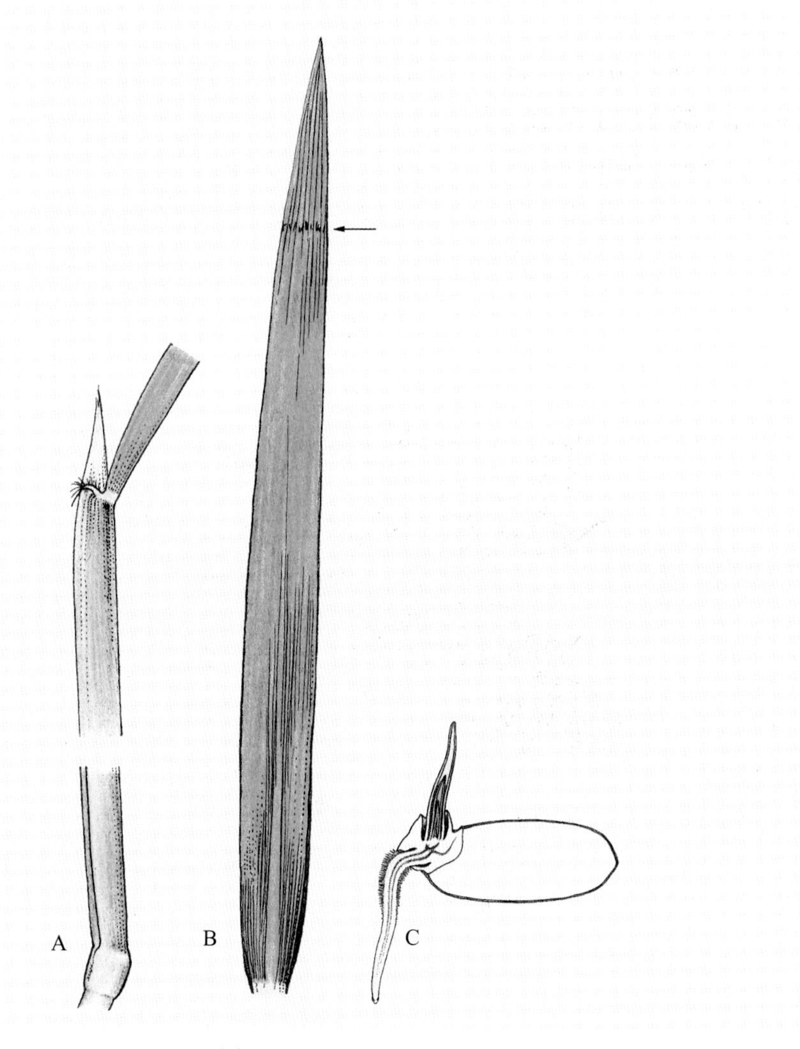

图74　*Oryza sativa* L.

A. 叶垫、叶鞘、叶耳、叶舌与叶片下部　B. 叶片，示缢痕（箭头所指）　C. 发芽稻粒的纵切

在单子叶植物中，天南星科与禾本科的器官形态构造差异比较大，除花序下的佛焰苞是典型的单裂节轴外，它的绿叶是具网状叶脉的多节轴构成的复合叶而与多数单子叶植物的形态构造有所不同。图75是蒟蒻（*Amorphophallus riveri* Durieu）的这种复合叶，从它的不同部位横切面上均可看到一层一层的多环维管束，显示多节轴输导组织的聚合；网状的叶脉脉序类似双子叶植物。这样一些构造都是顶枝学说无法解释的。因为顶枝学说认为叶脉就是枝，枝呈网状、枝呈多层，都是无法自圆其说的。蒟蒻一年长出一片复合营养性绿叶，独立地面，高达40 ~ 80 cm；三出的多次羽裂近掌状的叶片宽也达30 ~ 70 cm。叶柄基部仍呈现明显的裂轴构造。多节轴下伸的多系统的维管束呈多层（多环）排列分化，但并未改变叶柄裂轴的原有形态。多年多节轴下端的居间生长，使下端节轴聚合形成的茎秆成为扁圆形的块茎，块茎上生出多数次生须根。这就是天南星科的蒟蒻具有的独特的器官形态。

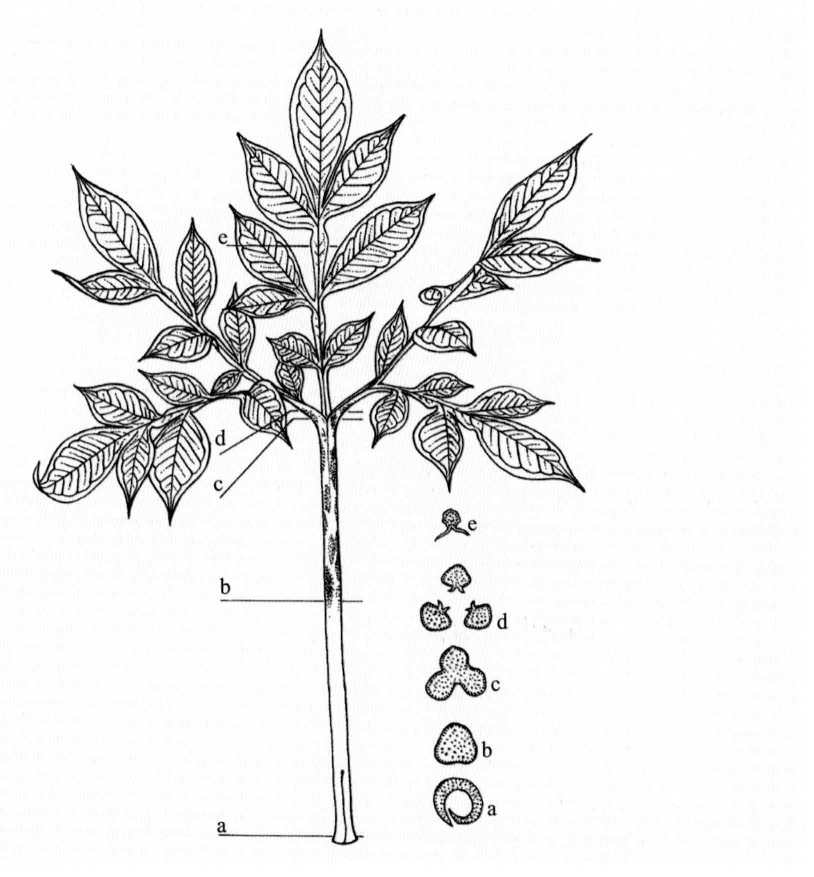

图75 *Amorphophallus riveri* Durieu 的叶及其叶柄的横切面

薯蓣是单子叶植物，节轴单裂，构成的叶序应当是互生，实际上也是对位互生，但是常常在中部以上节位出现对生叶序。显然它的对生叶序是由互生聚合形成的。这似乎正好符合顶枝学说的互生顶枝叶经聚合构成对生的概念，然而前面已有充分的证据证明叶不是枝的蹼连，而是裂轴。因此，这个对生叶的薯蓣的叶柄与茎秆构造也直接说明叶是裂轴，不是枝的蹼连（图76、图77）。它由互生演变成对生是由于上下两个裂轴几乎同步发育，上一节轴不形成节间而造成对生形态。它在形态建造上有聚合的形式，由互生聚合成对生的叶序，但它不是顶枝的聚合，而是互生单叶裂的聚合。

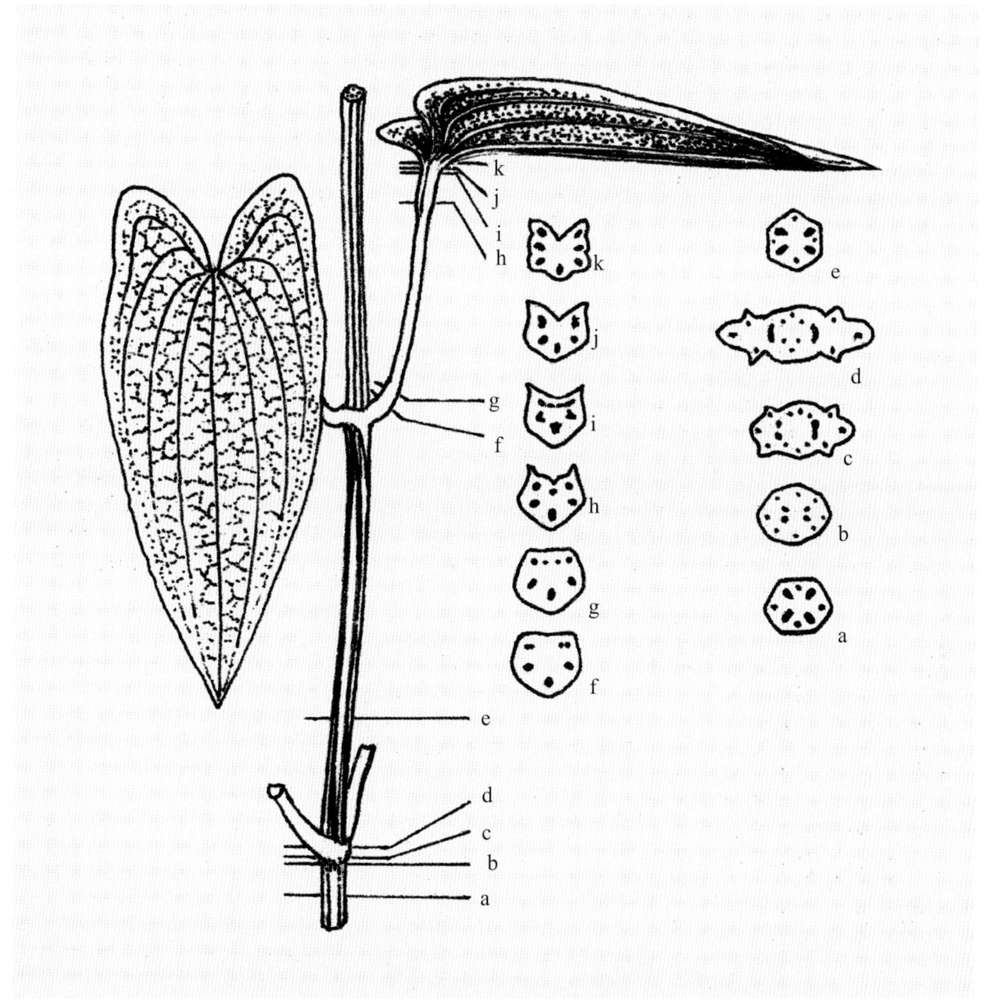

图76　*Dioscorea esculenta*（Lour.）Burk 的茎上对生叶及其横切面
（说明：图上字母仅表示部位对应）

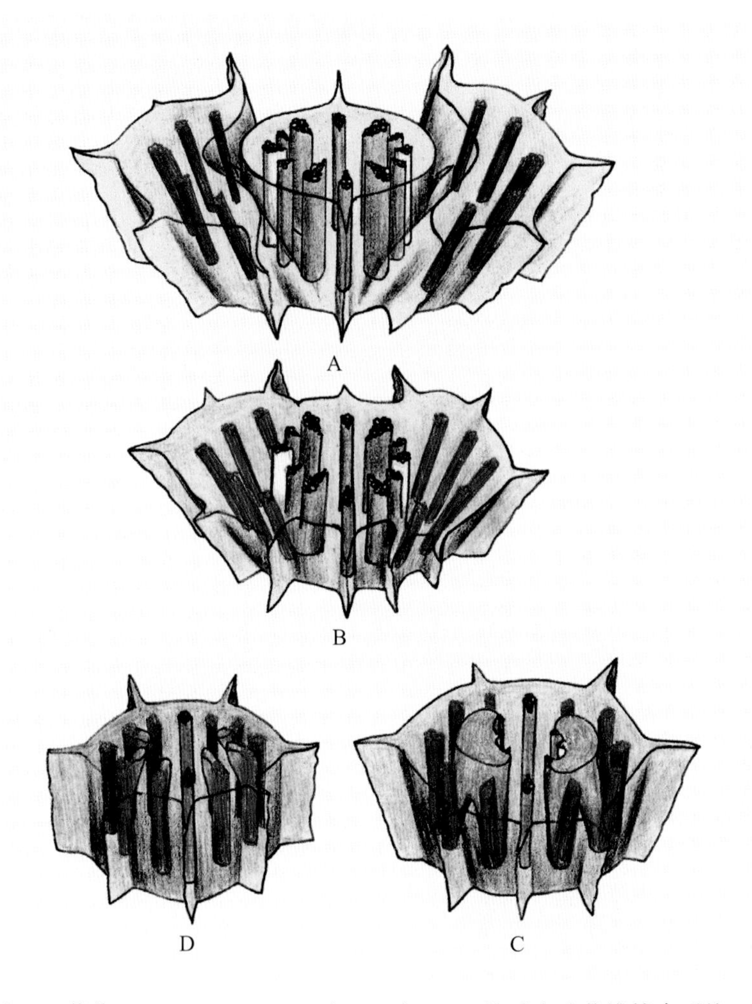

图77　薯蓣[*Dioscorea esculenta*（Lour.）Burk]的对生叶节维管束系统
（不同设色示不同节轴关系，A~D对应图76-A~D）

在薯蓣属中有一单叶到三片小叶构造形式，例如异叶薯蓣（*Dioscorea biformifolia* Péi et C. T. Ting）的叶。这充分证明薯蓣的叶是由多个小叶蹼连组合而成的心形复合叶，是由多个节轴建造而成。从图76-g ~ i横切面可以看到位于叶裂腹面、来自上位节轴的维管束。前面在禾本科的马唐与雀稗的穗轴上曾经观察到的蹼连，在薯蓣叶上又有体现。但它不是顶枝学说所谓的枝的蹼连，而是小叶蹼连成为心形复合叶。维管束是次生构造，这是实验生物学证明了的事实。即使不提实验生物学的结论，薯蓣的网状脉序顶枝学说也难以解释。薯蓣实例说明，在高等植物的器官建造过程中有蹼连与聚合这样的构建方式，但它不是顶枝学说所谓的顶枝的蹼连与聚合，而是指叶裂间的蹼连与聚合。节是不同节轴构建的叶裂的维管束相互衔接之所在。以图76为例，白色为最上节位汇合下伸的上位节轴维管束；蓝色为上节位维管束；橙色为上节位维管束汇聚成节并再下伸如同最上节位的白色维管束；红色为现节位的两个聚合叶裂的维管束各五束从叶柄通入茎节的情况。这些维管束都是生长素类活性物质诱导分化形成的次生构造。

（二）双子叶植物

菜豆（*Phaseolos vulgaris*）是双子叶植物，它的第1对绿叶是对生，以上各节是互生复叶。但它的各节的托叶都是成对的。以其复合叶节位来看，1、2、3节，上下相互错位90°（图78-A ～ C），第3节位以上，互生复合叶相互错位180°。托叶才是构成复合叶的第1节轴，其下端与其他节轴下端组合成茎秆，上端二裂形成托叶（图78-A、B）。托叶上的复合绿叶是托叶上再生的多次多个节轴构建形成的。子叶是单一的叶裂，其下端形成胚根。在发育成成熟种子之前，胚乳的营养物质均被子叶吸收转移贮藏在子叶中成为没有胚乳的种子。萌发后的子叶出土，提供幼苗生长所需的营养物质，其中维管束发育成网状（图78-C）。这种网状的维管束是顶枝学说无法解释的。子叶中形成的网状维管束汇合成四束，两片子叶共八束维管进入胚根中再汇集成四束，最终聚集成四棱的胚根中柱（图78-C ～ I）。

豌豆（*Pisum sativum* L.，图79）与蚕豆（*Vicia faba* L.，图80、图81）在器官建造上是相近似的。但它的子叶不出土，作为营养物质的贮藏器官。豌豆子叶中的维管束与菜豆一样呈网状，其上位的叶都是互生的相互错位180°。也就是对生的两裂叶裂，一裂先成熟固定，另一裂仍处于生长发育伸长时期，从而上升构成两裂处于互生状态，使叶序成为对位互生。它们的第2节轴的复合叶呈鳞叶状，各自二裂外，它们的裂间新生的节轴成一小尖突（图79-B、C）。第3节轴以上的各节的叶裂发育成两片托叶，托叶上的新生节轴再组建它们的复合绿叶。它们的叶脉都呈网状连接，都是对顶枝学说的否定。豌豆、蚕豆与菜豆不同的是它们的第2节轴不形成对生的绿叶，而是两叶裂错位互生形成两个节位互生的鳞片状小叶。以上各叶裂都是错位180°形成互生复合羽状复叶，整个植株从而形成二列对位互生叶序。

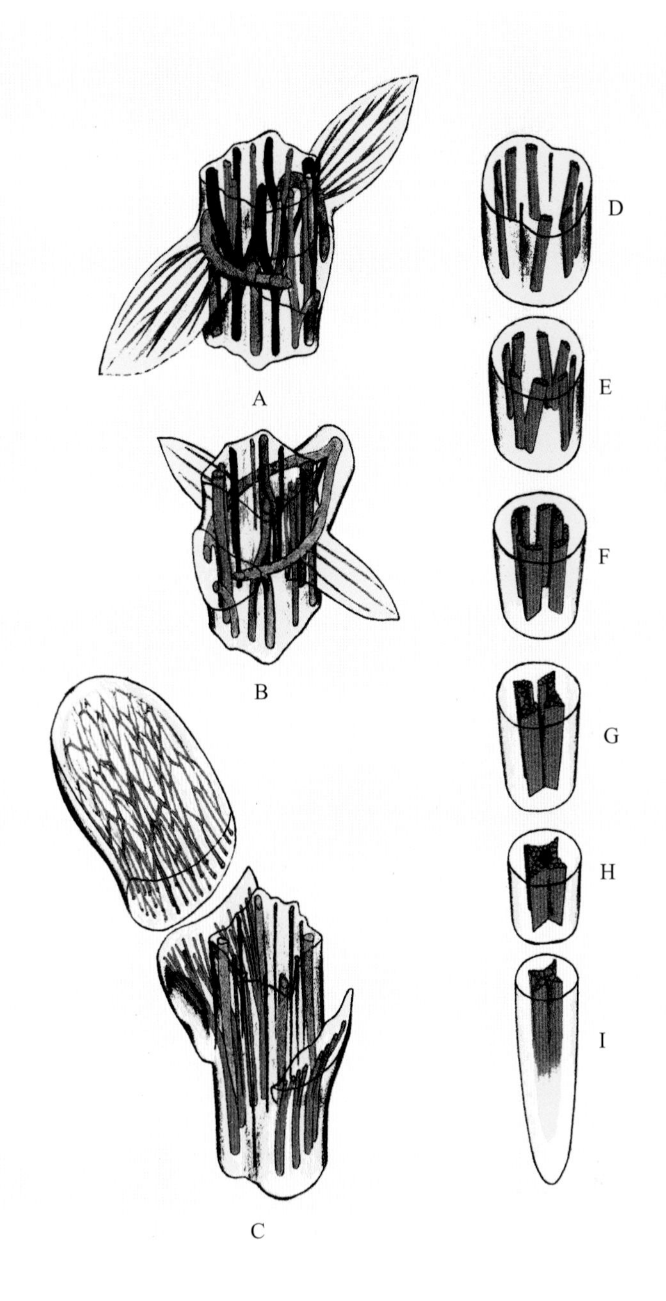

图78 菜豆幼苗的维管束系统，示节轴相互连接关系
（维管束不是原色，不同设色是区分不同节轴系统）

A. 第3节，互生叶节，维管束系统的相互关系 B. 第2节，对生叶节，维管束系统的相互关系 C. 第1节，子叶节，维管束系统的相互关系，上一节轴仅四束维管束（蓝色）与第1节轴维管束相连接 D. 胚轴，两片子叶的网络状的维管束各汇集成四束进入胚轴 E ~ I. 两子叶汇集的八束维管束再汇集成四束构成胚根维管束

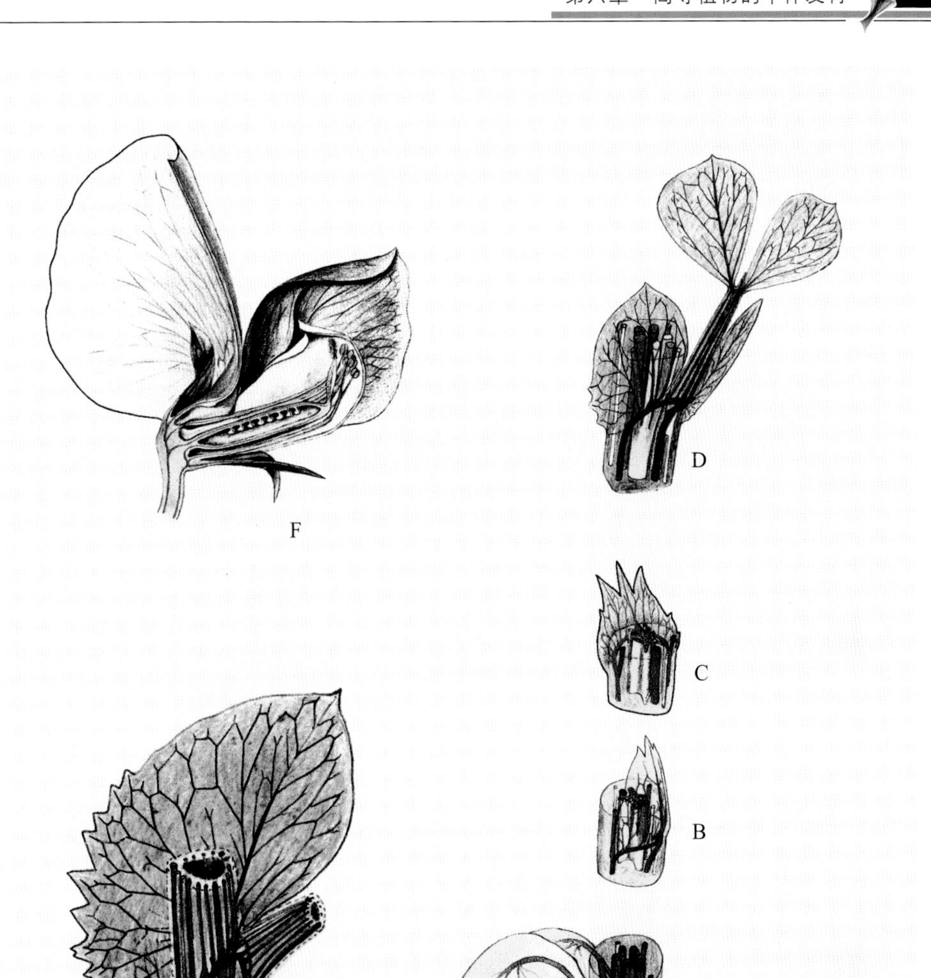

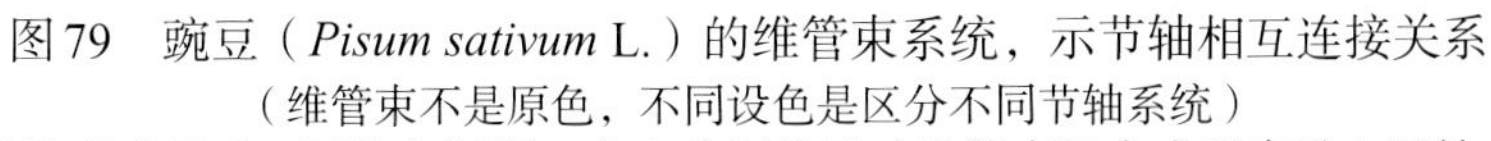

图79　豌豆（*Pisum sativum* L.）的维管束系统，示节轴相互连接关系

（维管束不是原色，不同设色是区分不同节轴系统）

A. 第1节轴形成子叶、胚轴与胚根，次生的网状子叶维管束汇合成两束进入胚轴，与上位其他维管束汇合成一体下达胚根　B. 第2节位维管束相互连接情况　C. 第3节位维管束相互连接情况　D. 第4节位维管束相互连接情况，叶片中分化形成的维管束呈网状连接　E. 高节位的维管束相互连接情况，叶片中分化形成的维管束呈网状连接　F. 花的纵切面，示花器维管束相互连接关系

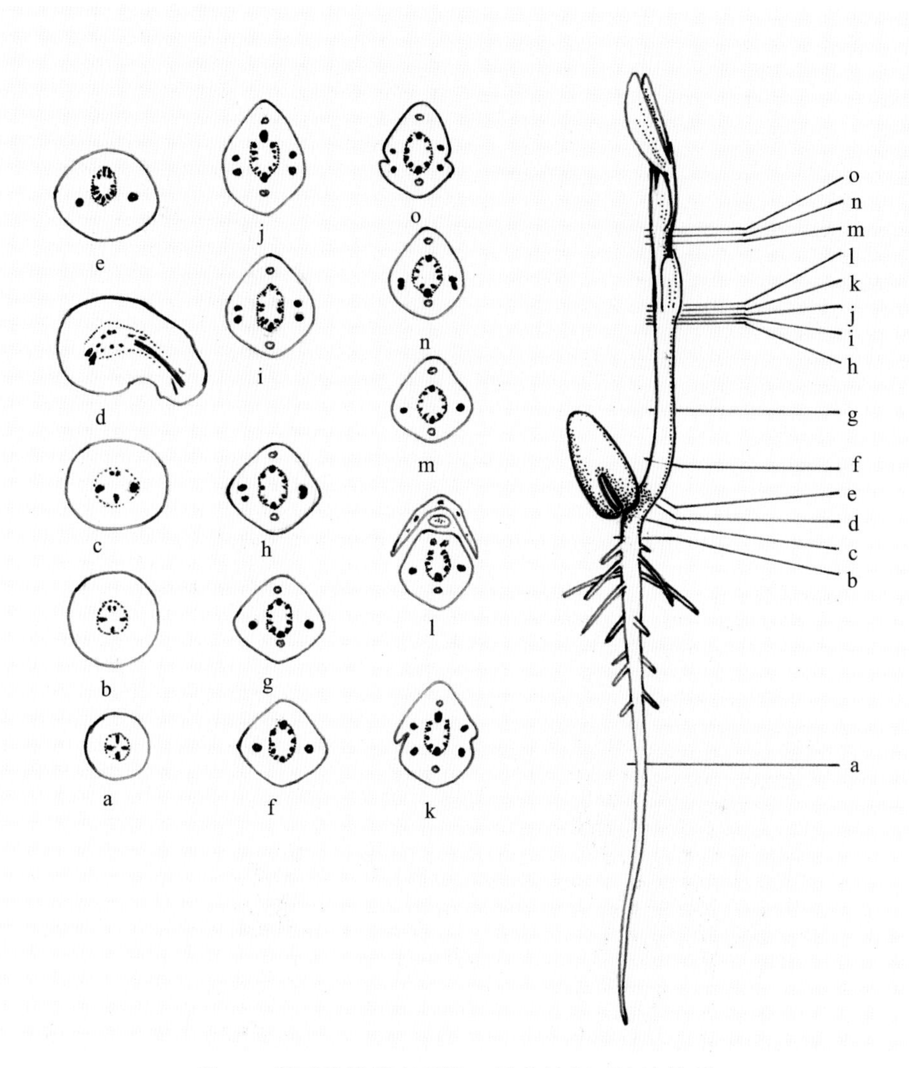

图80 蚕豆的维管束系统，示节轴相互连接关系

a. 胚根横切 b. 胚轴与胚根过渡部 c. 胚轴横切 d. 子叶节横切 e ~ g. 第1节间横切 h ~ l. 第2节位横切 m ~ o. 第3节位横切

在蚕豆的羽状复合叶的尖端形成的小叶常呈喇叭状（图82），这种喇叭状的叶片构造显示它是一个半开裂的节轴。这样的喇叭状半开裂的节轴在其他高等植物的个体上也常有出现，如在前面所讲的小麦、大麦、水稻的鞘叶，以及钩芒大麦的钩芒上，小麦复小穗半开裂节轴，都是这种构造。在后面将介绍十字花科植物的复合叶上将再次出现。这也说明叶是裂轴的共性。

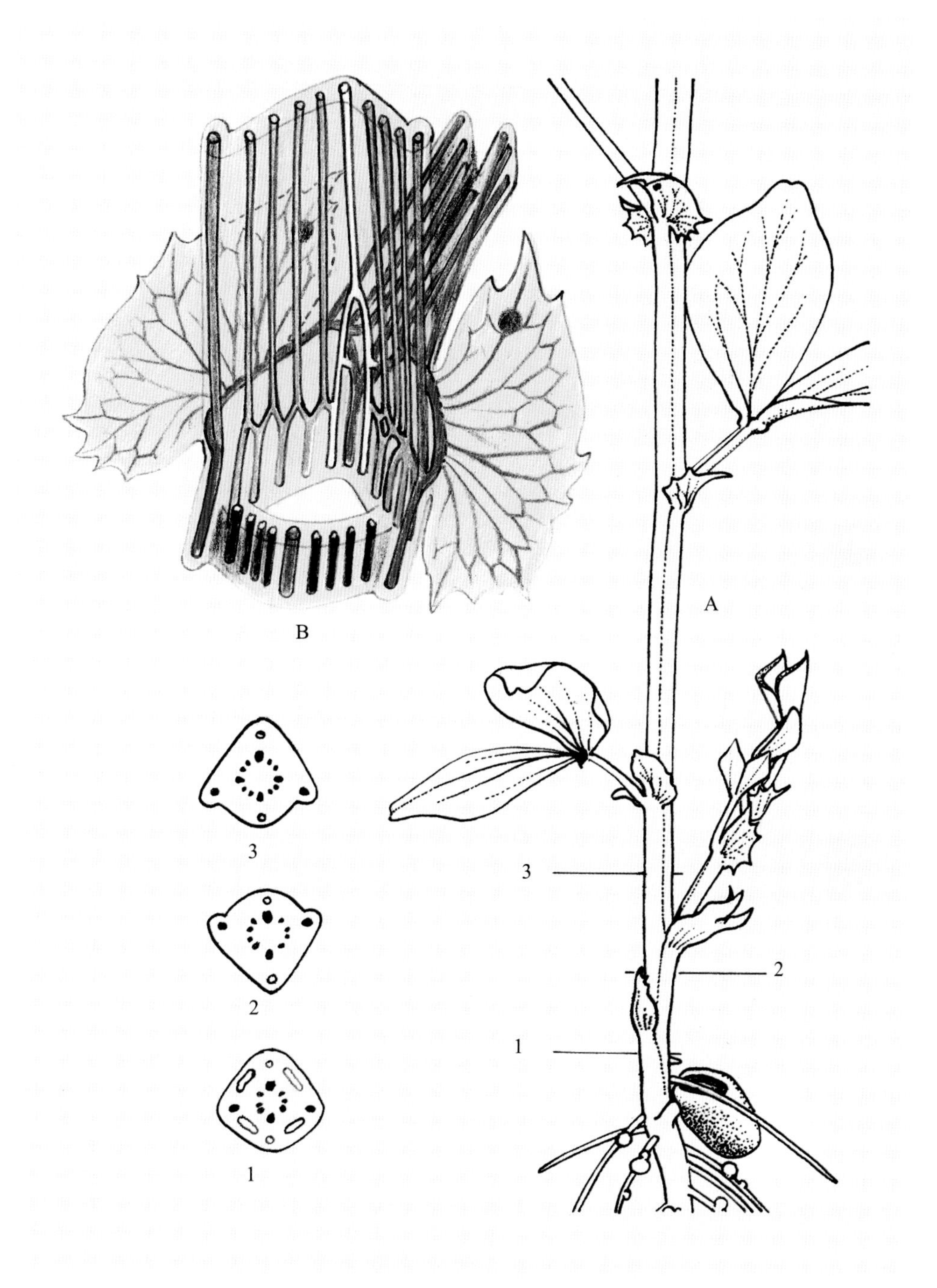

图81　蚕豆的维管束系统，示节轴相互连接关系

（维管束不是原色，不同设色是区分不同节轴系统）

A. 蚕豆植株：1. 第1节间横切；2. 第2节间横切；3. 第3节间横切　B. 上下节轴形成的维管束在节中相互连接情况

图82 蚕豆的复叶，示最上一片小叶呈喇叭状（箭头所指）

苜蓿（*Medicago sativa*）（图83）子叶出土时，与其他豆科植物一样成为幼苗期营养物质贮藏器官，提供幼苗生长所需的营养物质，但它与前述菜豆、豌豆、蚕豆不同的是它将成为第1对绿叶进行光合作用。它的第1节轴的叶裂与豌豆、蚕豆一样，一叶裂优先发育从而构成互生叶序。它与豌豆、蚕豆不一样的是第2节轴的叶裂不呈鳞叶状，而是发育成具三小叶的复叶。这个优先发育的叶裂的维管束相应地也优先发育，从而下伸与成对子叶的各一束维管束相连接合成一束。两片子叶各一束。与这一联合构成的一束共三束在胚根中形成三棱形的中柱。这一形态构造与豌豆的三棱形的胚根中柱的构成是完全一样的。二列互生的复叶的构成也完全是一样的。只是子叶的功能有不同的演化，第2节轴发育成绿叶而与豌豆、蚕豆有所不同。

图84是大豆[*Glycine maxm*（L.）Merr.]茎秆的一段，具有180° 对位互生的叶序，与蚕豆、豌豆是一致的，叶裂两裂构成托叶，托叶裂间再生的多个次生节轴发育形成具有三片小叶的复合叶，每片小叶下还有鳞状小托叶，小托叶与小叶间还有一段能因光而运动调控的肉质柄。这些构造，都应当是多节轴演化而成的。图84所显示的维管束系统，也显示出这些在叶裂中产生的生长诱导物质诱导形成的次生维管束相互连接构成整体的输导网络，也使各

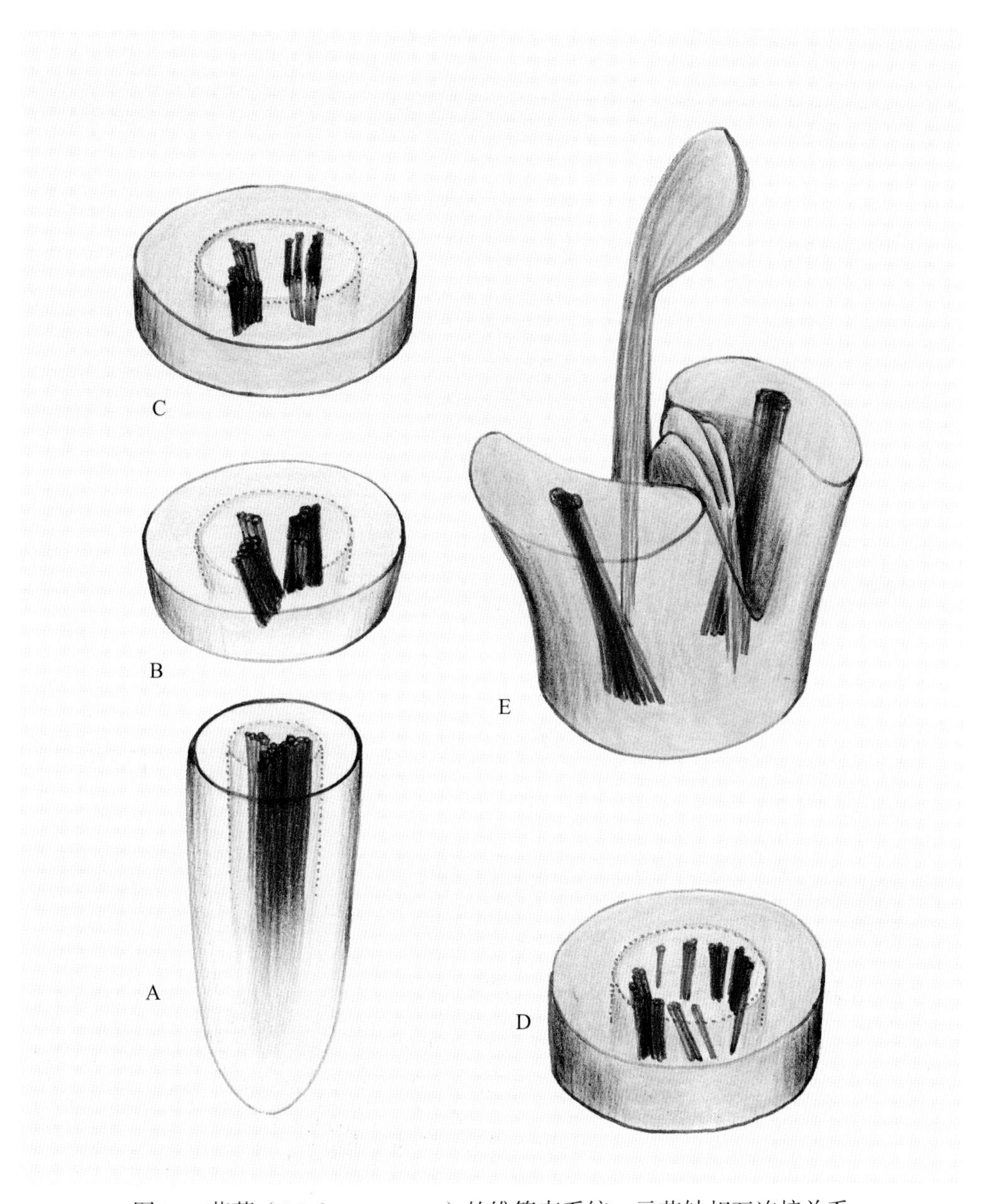

图83　苜蓿（*Medicago sativa*）的维管束系统，示节轴相互连接关系
（维管束不是原色，不同设色是区分不同节轴系统）
A. 胚根　B. 胚根胚轴过渡区　C、D. 胚轴　E. 子叶节

个节轴构成的各个器官联合成为一株大豆。不管是大豆、菜豆，还是蚕豆、豌豆、苜蓿，它们的维管束中都没有发达的形成层，因此不能增生木质部与韧皮部，茎秆不能继续增生，而成为草本。

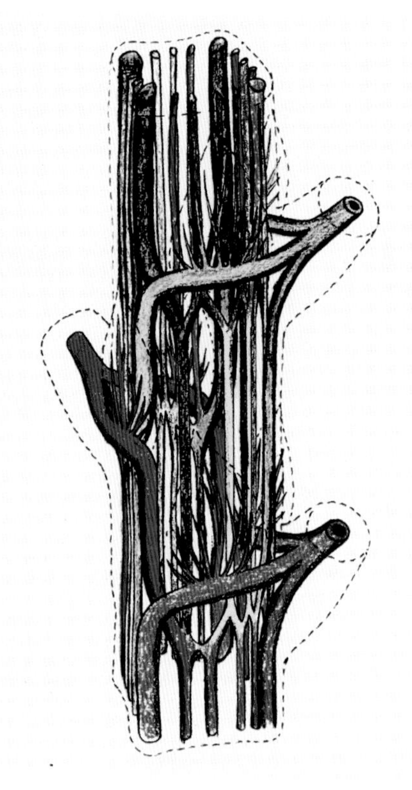

图84　大豆的维管束系统，示节轴相互连接关系
（维管束不是原色，不同设色区分不同节轴系统）

白菜（*Brassica chinensis* L.）是十字花科代表性植物，它的第1节轴上端二裂的两片子叶各形成的五束维管束下伸，于胚轴中汇合成一束构成两棱的中柱（图85）。第2节轴上端二裂开始形成两片对生的真叶，这两片真叶幼芽初始各形成一束维管束，尚未与第1节轴的维管束相连接（图85-D）。继续生长，第2节轴的两片对生真叶出现一快一慢的不均等发育，从而造成一叶老化，一叶升位，构成互生。第3节轴以上，这种不均等发育继续进行，并造成互生叶序错位旋转。与此同时真叶叶裂上再生节轴，构成复合单叶（图86-B ~ E）。所谓复合单叶，就是在叶裂上再生节轴，节轴再平展成叶，并相互蹼连成一个单叶。在它的叶性器管中，子叶、花萼、花瓣是由单一节轴叶裂构成（图86-A、F、G）。

白菜的复合单叶的多节轴构造，构成一个巨大的复合单叶系统，衍生出复杂多脉的网状相连的叶脉（图86、图87）。子叶、花萼、花瓣虽然是由单一节轴构成，但它的维管束系统仍然是呈网状的相互连接的形式（图86-A、F、G）。

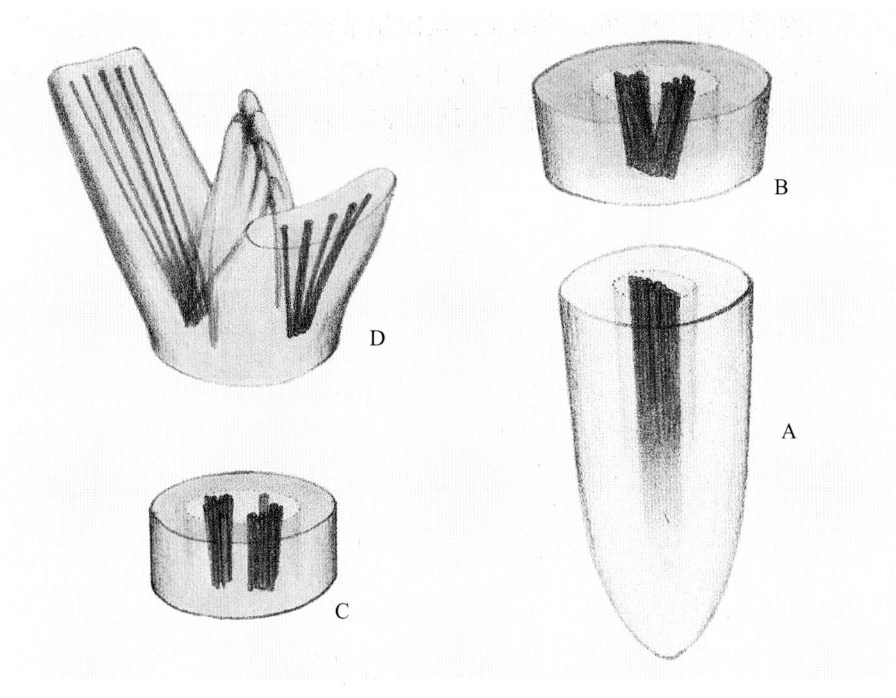

图85　白菜（*Brassica chinensis*）幼苗的维管束系统
（维管束不是原色，不同设色是区分不同节轴系统）
A.胚根　B.胚根与胚轴过渡区　C.胚轴　D.子叶节：第1节轴维管束（红色）在两片子叶基部开始分化，向上分化成五束进入子叶，向下伸入胚根合为一束，真叶初生维管束（蓝色）尚未与第1节轴维管束连接

从叶柄伸入茎秆中的维管束，一片复合单叶可多达十束以上，它们在茎秆中相互连接如图87所示。图87展示了一个茎生叶叶脉系统相互连接的情况。茎秆是多个节轴下部相互愈合而成的次生结构。叶中分化形成的维管束下伸在茎秆中相互连接使整个植物体的输导组织成一个统一的系统，也使次生生长构成的茎秆成为一个统一的器官，维管束中次生木质部的形成与发育进一步使它成为一个牢固的整体。但不要忘记，生长发育初期茎秆是不存在的，它是次生维管束把它们联合起来的多个节轴的下端。它本身是一个联合体，各个叶裂下伸的次生性的维管束的相互连接才使它们联合成一整体，后续木质部的发育才使茎秆成为一个统一的器官。这个统一的假象蒙蔽了许多植物学研究人员，因为他们没有从发生发展去看茎秆这个对象，这就是人们错认茎秆为原生性的症结所在。茎秆不是一个轴性构造，它是多个节轴下端的复合体。它与角苔的孢子体不相当，它相当于多个角苔的孢子体下端的聚合。这是顶枝学派没有认识到的关键问题。

白菜的网状叶脉（图86）的形成，从次生节轴学说来看，多节次生节轴蹼连单叶生长素类产物流聚成网是十分自然的趋势，次生分化成网状叶脉也就是必然的结果。顶枝学说把叶脉看成是“枝”，就无法解释了。

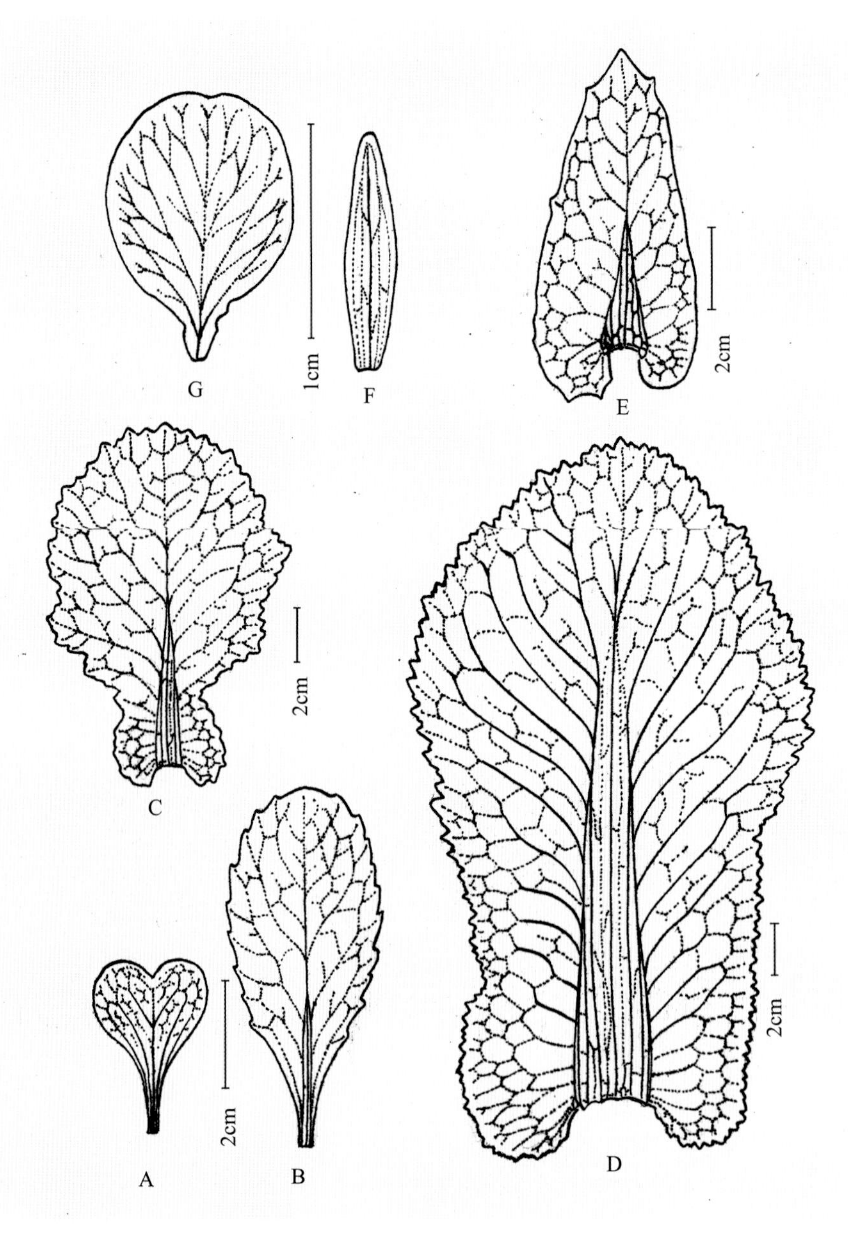

图86 白菜叶性器官的维管束系统

A. 子叶 B. 第1真叶 C. 基生叶 D. 基生卷叶 E. 茎生叶 F. 花萼 G. 花瓣

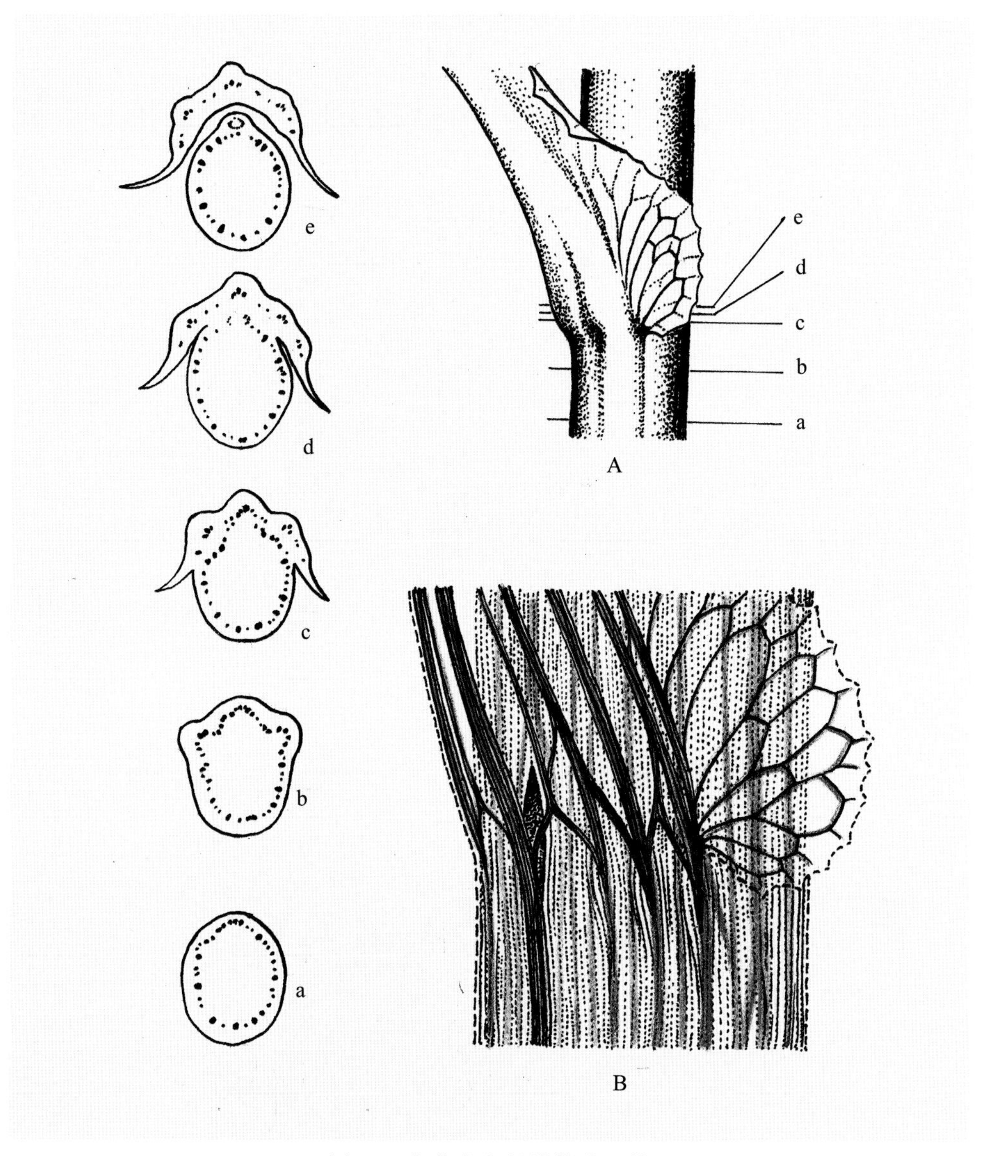

图87　白菜茎秆的维管束系统

（维管束不是原色，不同设色是区分不同节轴系统）

A. 茎的一段，示横切面的位置：a ～ e为连续部位的横切面，示叶脉维管束进入茎秆与上节位维管束联合过程　B. 叶脉维管束进入茎秆与上节位维管束联合透视图

芥菜[*Brassica juncea*（L.）Gzern. et Coss.]是白菜同属的近缘种，它的复合单叶与白菜是大同小异的，小异就是它的一些品种呈羽状复合单叶（图88）。在这里要介绍的是这个标本上的再生节轴出现了与小麦复小穗相似的由节轴开裂平展成叶的全过程（图88-1 ～ 3）。这种构造出现在小麦的复小穗中、蚕

豆的叶上，现在在芥菜的叶上也同样呈现。这些多节轴构成的芥菜复合单叶上未开裂新生节轴，以及半开裂与全开裂的小叶裂的呈现，证明芥菜的单叶是多节轴复合组建构成的。多节轴蹼连起来使羽状复合单叶演变成一片白菜叶一样的复合单叶，也就说明了由多节轴如何构建成为一片复合单叶的全过程。为什么会发生蹼连？在多个节轴分化早期它们就生长在一起，且同时分生生长，相互的组织、相邻的细胞就联在一起，也就构成一个联合体，平展后，也就成为了“蹼连”这样一种特殊构造形式。

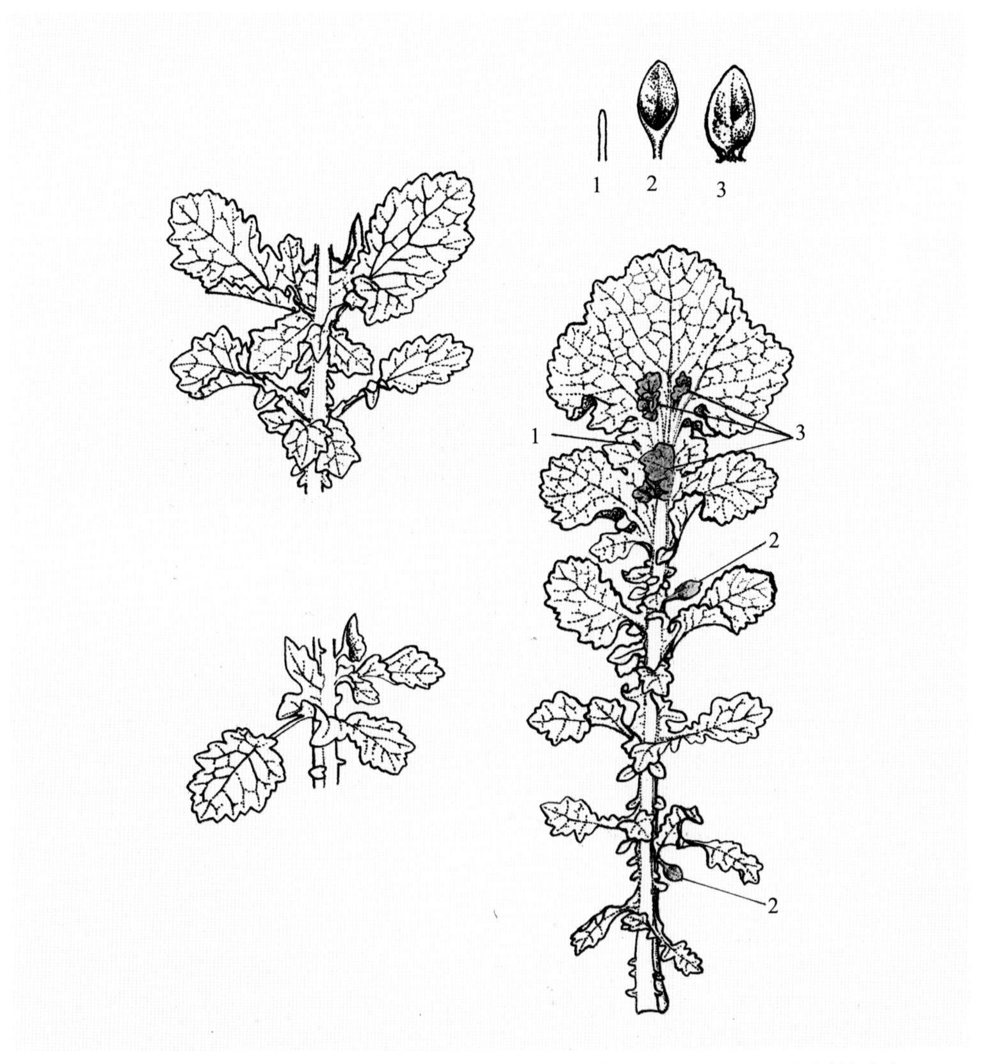

图88　芥菜叶性器官的维管束系统，并示新生节轴裂展成叶的互不相同的阶段
1. 柱轴状未开裂的初生节轴　2. 上端开裂呈马耳状的节轴　3. 已展开呈一片小叶

图89是一片番茄（*Lycopersicon esculentum* Mill.）的羽状复叶，它与芥菜的羽状复合单叶的构建类似。所不同的是它的羽状小叶发育成具小叶柄，小叶柄再与叶柄相衔接。这种衔接也就形成一种节的构造。在这节上的小叶腋中也可以形成芽（图90、图91）。如果做个试验，人工把一番茄植株上其他生长的芽全都摘除，它的复合叶的小叶腋将萌生腋芽（图90），并生长成枝。但是萌生新枝的番茄叶的复合叶的叶柄始终是裂轴构造，不会改变。这就与前述海金沙的叶相似，任随它一节一节地长到4 ~ 5m，叶柄仍然是裂轴构造。因为这个叶柄（裂轴）不会再与其他节轴愈合成茎，它只能是一个裂轴。

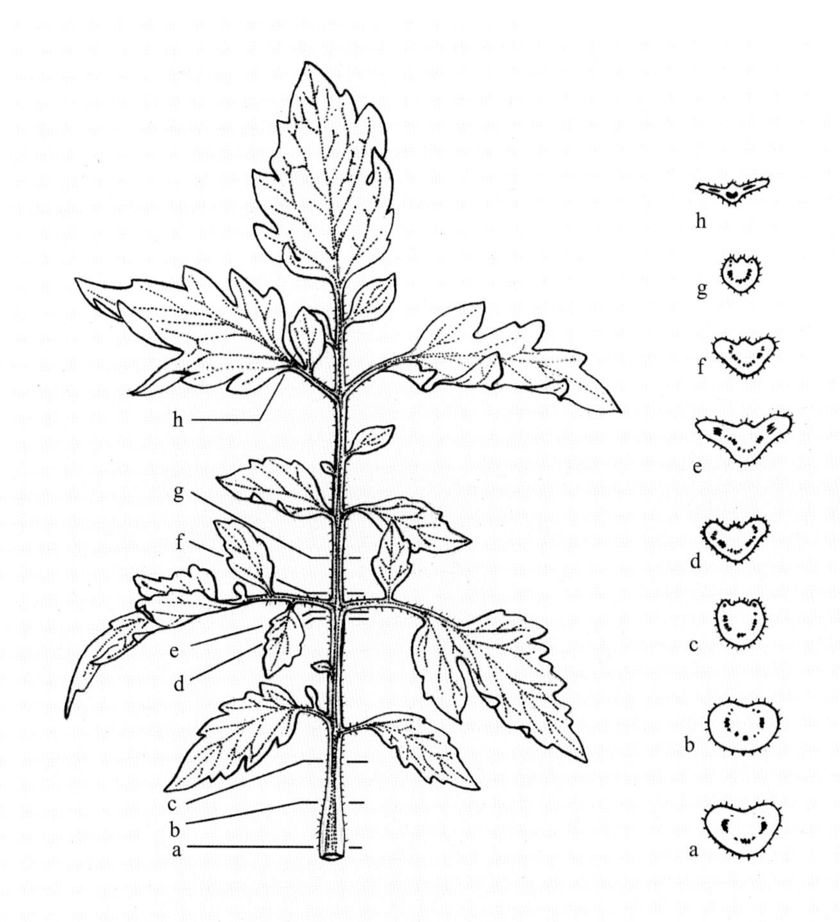

图89　番茄（*Lycopersicon esculentum* Mill.）叶及其横切面，示其维管束系统（半环状的维管束分布清晰地显示其裂轴性）

a. 叶柄基部　b、c. 叶柄　d ~ f. 叶节　g. 叶柄上中部　h. 小叶基部

这就反过来证明叶是裂轴，叶柄不会再变成茎秆，虽然它上面可以再长出枝（茎秆）。图91-A是叶柄小叶节位腋芽处的横切面，从图上可以看到叶柄的维管束排列成一半环，清楚地显示叶柄的裂轴构造，小叶腋生长出的腋芽（图91-A箭头所指及图91-B）的维管束与叶柄维管束相连接。腋芽是标准的茎秆合轴构造，叶柄则是标准的裂轴构造。

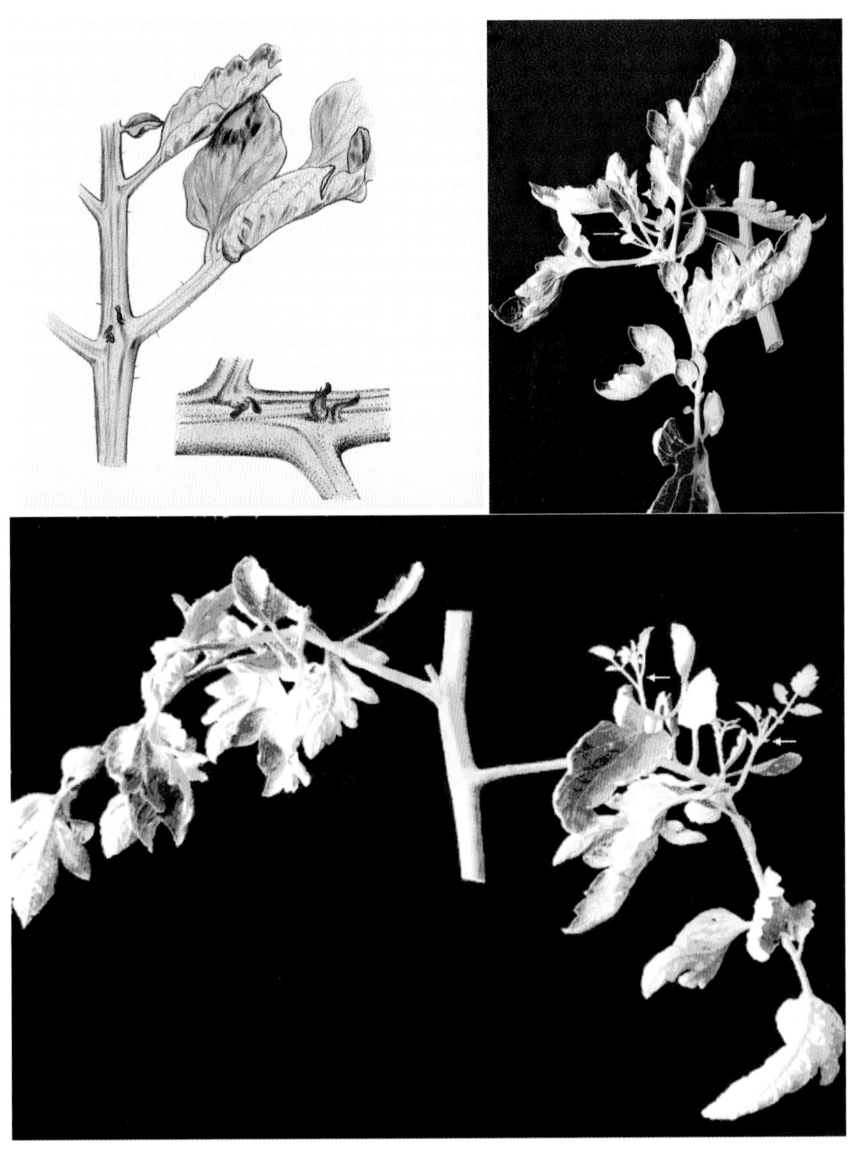

图90　番茄复叶上小叶腋萌生的腋芽并发育成枝

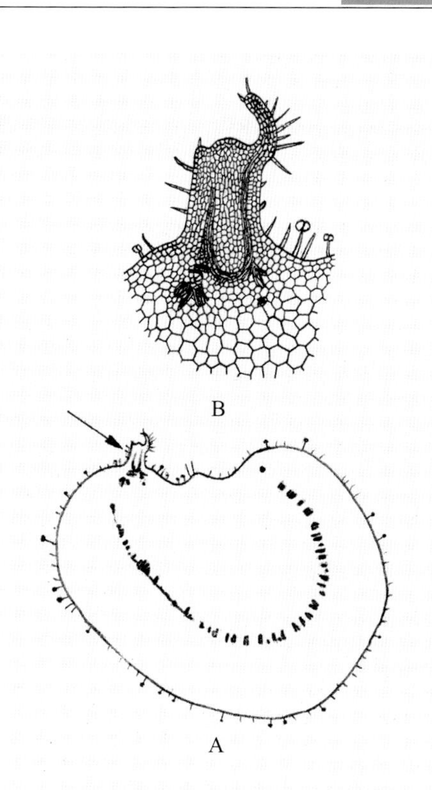

图91　番茄叶柄及其腋生芽横切
A. 叶梗横切，示腋芽（箭头所指） B. 腋芽放大

桃（*Amygdalus persica* L.）是原产亚洲著名古老的果树与花卉。中国最古老的书籍《诗经》就有“桃之夭夭，灼灼其华。之子于归，宜其室家。”“投我以木桃，报之以琼瑶。匪报也，永以为好也。”的诗歌记载。桃花是一个子房周位花，它的花萼、花瓣、雄蕊都生长在一个特殊变形构造的萼管上。萼管环绕着子房。它们的演化来自二裂的节轴，花萼、花瓣都是叶裂演化而来的叶性器官。二裂节轴上端的不均等发育，一裂上升构成错位，形成叶序互生。连续次生节轴的错位的面积差，造成叶序旋转。五片旋转叶裂的聚合形成五叶轮生的萼片与五叶轮生的花冠。五片花萼与五片花瓣下部相互愈合，并向下生长形成萼管。萼管上端着生的雄蕊，由花瓣与花萼的腋芽演化而成。需要注意的是花萼的维管束，也就是花萼这个叶性器官的叶脉，有五束分别向下延伸，两侧两束分别与两片花瓣的维管束相汇合，也可以说是花瓣三束维管束下伸并与两侧的来自花萼的两束维管束汇合一起共同形成花瓣下萼管中10条主脉之5条。另5条主脉来自花萼，还有10条较细小的维管束也来自

花萼。这20条萼管的维管束也与它们各自腋生的2个雄蕊的花丝的细弱维管束相连（图92）。一片花萼含5束相对独立的维管束，如果按顶枝学说把叶脉看成是枝，就无法解释。更无法解释的是花瓣下的维管束有两条分别通向花萼中。依据实验生物学，证明维管束是生长激素诱发的次生发育的产物，也就拨开了“顶枝学说”臆造的迷雾。萼管中的维管束是来自花萼、花瓣、雄蕊的生长素流向下方共同促使萼管中20条维管束的演生分化。萼管形成之初，只有薄壁细胞，没有维管束，维管束是次生的。

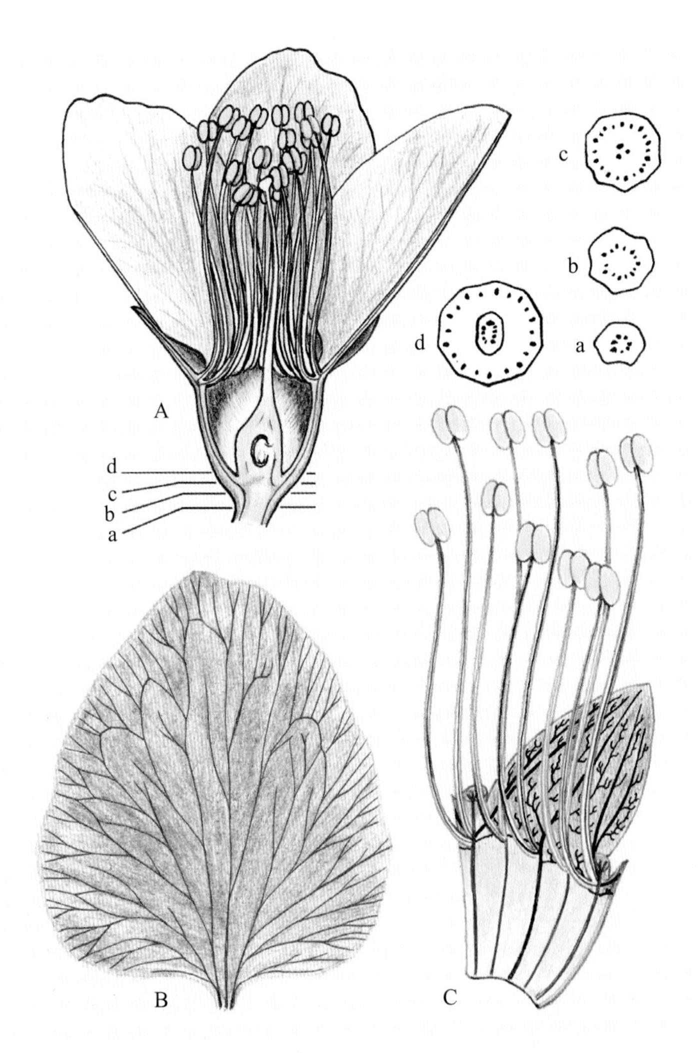

图92　桃（*Amygdalus persica* L.）花的维管束系统

A. 花的纵切及4个层面的横切面a ~ d　B. 花瓣维管束，3个系统上端联合　C. 萼管、萼片、雄蕊的维管束系统，萼片的3个维管束互不相连，下端也各自分别与花柄维管束连接

悬铃木（*Platanus* L.）也是构造十分特殊的植物，它有3个种，形态构造基本相似。悬铃木的叶初看起来就是一片掌状叶（图93），如果从它的解剖切面来看，它的构造是非常复杂的，它的叶序也不同于一般（图94、图95）。它茎秆上的节是多节轴演化而来的，根据构造分析，茎上一个节，应当是由3个重叠的节轴构成。这种情况在小麦的节上曾经看到，由多个节轴重叠构成

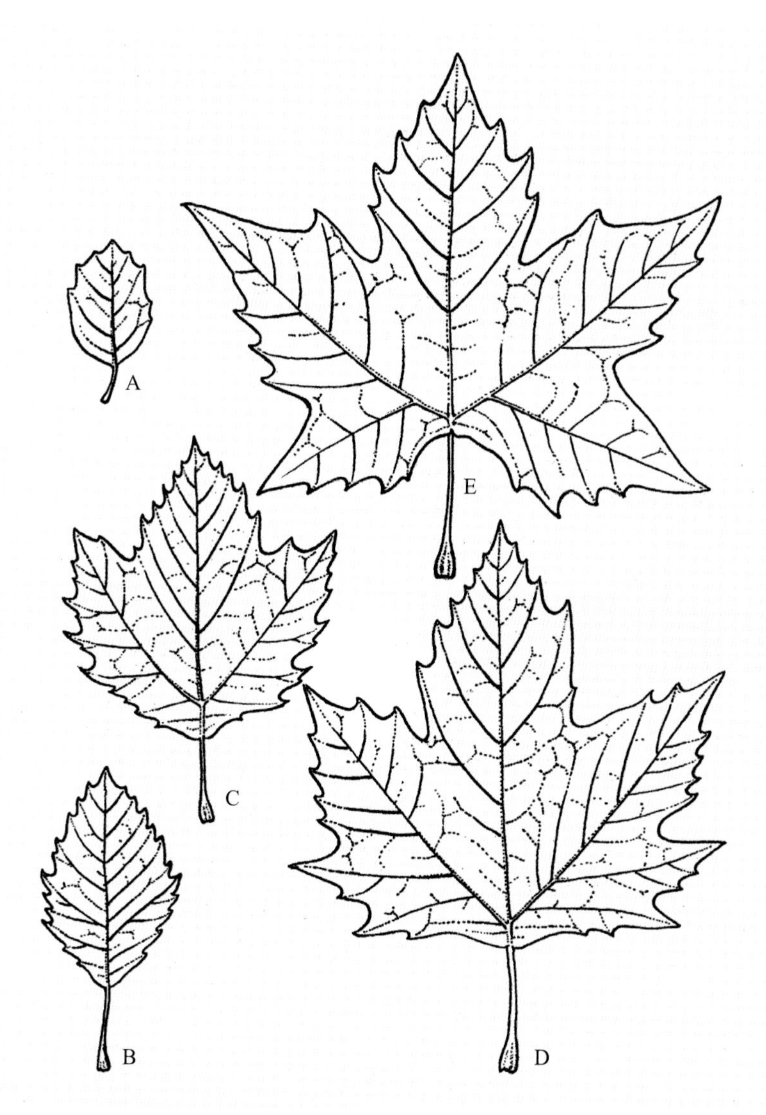

图93　悬铃木[*Platanus* × *acerifolia*（Ait.）Willd.]不同发育程度的叶片

A. 初生叶　B. 进一步发育的初生叶　C. 掌状叶初形　D. 进一步发育的掌状叶　E. 充分发育的掌状叶

的复合节。下节位叶裂上再发生多节轴并演化成一对对生复合掌状单叶（图94-B）。在绝大多数情况，对生复合掌状叶一叶退化消失，仅留一叶而成为互生叶序（图94-A）。偶尔对生叶也有一叶稍微错位上升，但还未构成互生状态（图94-C、D）。在图94-C与图94-D上，在节间上还看到于托叶的上方有另外的小托叶，说明另有节轴存在，也说明这个节至少由三层重叠的节轴构成。它的互生叶序是因对生叶一叶退化形成，图96-A所示的标本对此也有确切证

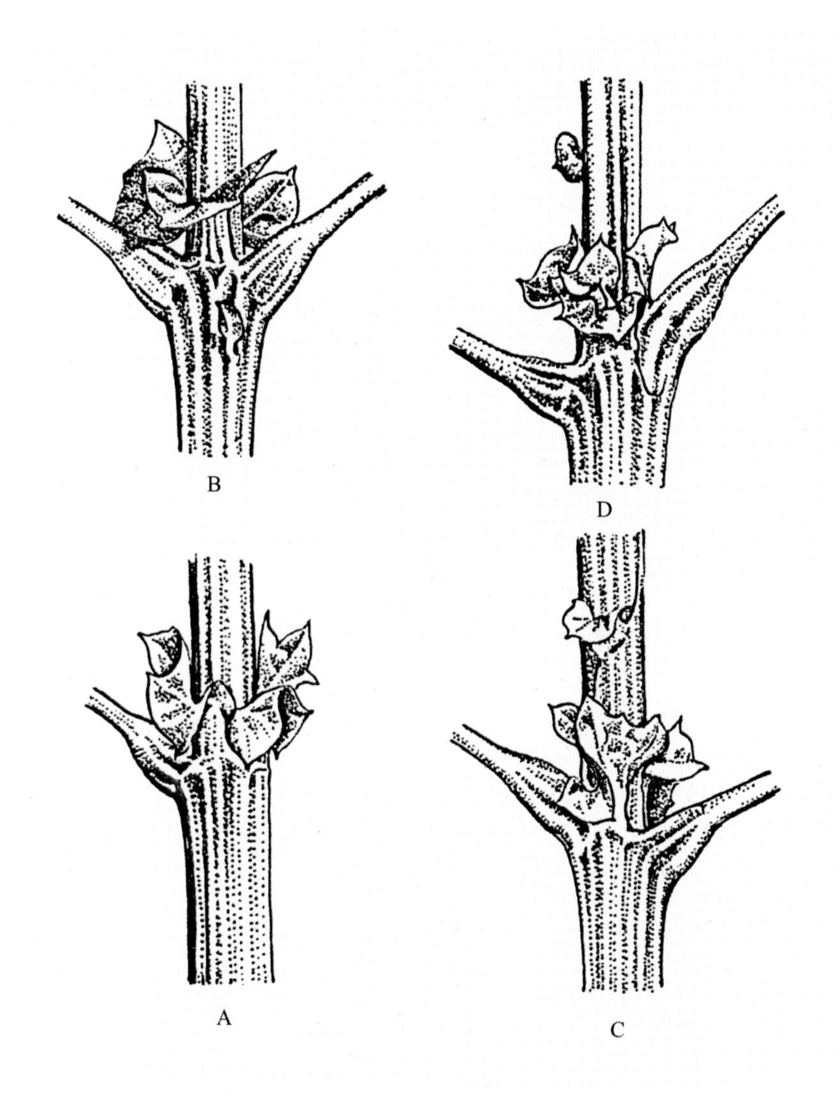

图94　二球悬铃木[*Platanus* × *acerifolia*（Ait.）Willd.] 的叶序

A. 对生叶一叶退化而呈互生状　B. 正常的对生叶序　C、D. 对生叶错位生长呈互生状两面观，注意高位茎生小托叶，显示茎秆的多重构造

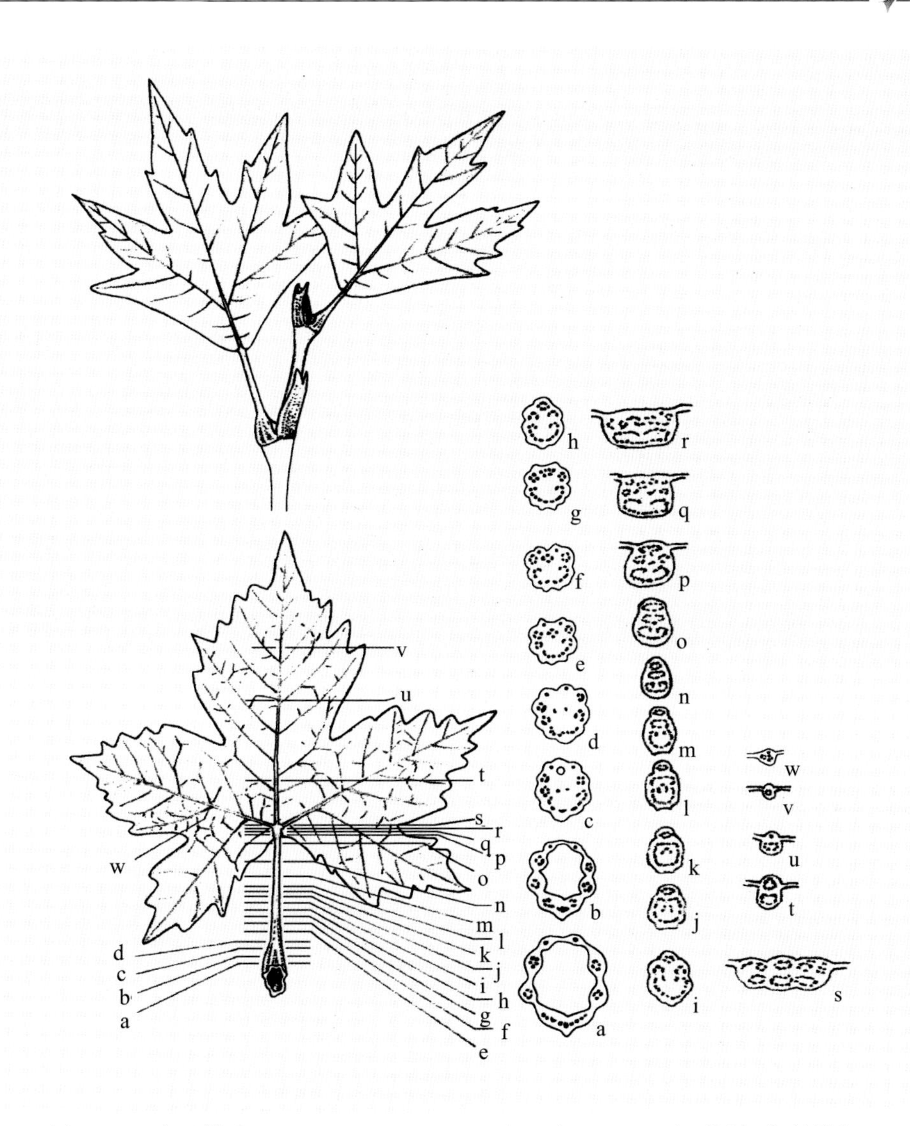

图95　二球悬铃木 [*Platanus* × *acerifolia*（Ait.）Willd.] 叶不同部位的横切面，示重叠发育的维管束系统

（图上端一枝典型的互生叶序，显然是对生叶一叶退化构成，对生的苞叶为其残迹）

明。在这一标本上，对生叶节上的节位是一非对生的单叶，再上一节位又是一对生双叶。如果单叶像通常的对位叶的一叶错位上升而构成互生，就应当在这一单叶节位之上再有一单叶互生节位。但是在这份标本上，单叶节位之上又是一对生叶节，且对生叶与单叶间夹角呈90°，正好说明它是对生叶节轴上的第3个节轴的裂轴构成的一对叶裂的一裂叶退化形成的单叶 。图96-B构成的互生叶相互错位90°，而不是180°，或大于180° 的螺旋上升的互生叶序，也是旁证。

A

B

图96 悬铃木

A. *Platanus* × *acerifolia* (Ait.) Willd. 同一枝上对生叶与互生叶，间隔一节混生，确证互生叶不是一叶上升错位，而是一叶退化形成

B. *Platanus occigantalis* L.互生叶序由对生叶的一叶退化形成的另一证据，不受光照影响的直立枝上，它的上下叶位夹角为90°，保持未变的对生时夹角

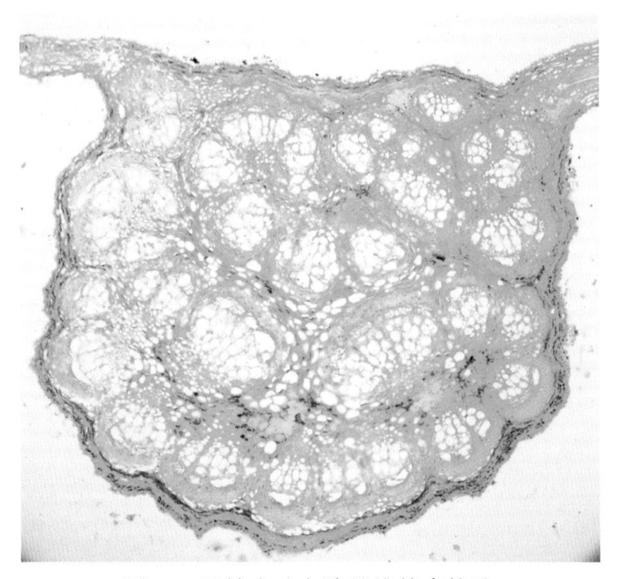

图97 悬铃木叶主脉的维管束构造

（显示上下三层9个维管束系统的横切面的分布，部位与图94-p、q相当。刘静、杨鸿钰制片）

悬铃木的叶，正如前述，它的构造是非常复杂的。从图95与图97可以看到它的三出主脉下汇合成一条主脉中具有三层，可多达9个维管束系统通向下方。显然这是来自各自不同节轴的次生构造。这一段主脉显然是由多个节轴相互愈合构成的复合组织，而不是顶枝学说臆想的一个枝，也不是茎叶节学说想当然的一片单叶，它是由许多节轴开裂并相互生长愈合（蹼连）构成的一个复合叶。

图98　构树的叶序

A. 均等生长的叶裂，两叶呈对生　B. 不均等生长的叶裂，一叶上升呈互生　C. 两年生的枝，第1年呈对生叶序，其腋芽形成的新枝呈对生，其新枝叶却全呈互生　D. 对生叶枝　E. 对生叶枝，一叶退化缩小　F. 互生叶枝，成为普遍承认的构树的标准形态构造

在桑科（Moraceae）的构树[*Broussonetia papynifera*（L.）L’Hér. ex Vent.]上可以看到对生叶，一叶退化变小（图98）。但是，是否有一叶完全退化消失像悬铃木一样构成互生叶序，直到现在笔者还未观察到直接的证据。看起来同样是互生叶序，可以是节轴上端单裂形成，例如单子叶植物的禾本科，对

位夹角180°；可以是节轴上端双裂形成的对生叶序，由于一叶退化而形成互生叶序，如悬铃木，叶位夹角90°；也可以由于对生叶的两叶发育不平衡，造成一叶发育滞后随复合茎秆的生长而上升，构成互生，如银杏、桃、李、构树。这种发育不平衡导致一叶上升常造成面积差，而使叶序旋转上升，叶位夹角大于180°，小于360°，多为298°。这种器官形态的构建，再因节间聚合，从而形成桃、李等的五出花器。同样对生叶裂的聚合常形成四出花器，如十字花科（Cruciferae）植物、木樨科（Oleaceae）的桂花（*Osmanthus fragrans* Lour.）等。

从桑科构树上可以看到有对生叶、对生叶一叶退化缩小与互生叶序3种不同的实例。对图98的6个标本进行观察：A显示一个节位上的一对对生叶；B显示一侧叶裂上升，形成互生叶序；C显示一个二年生的枝，由第1年对生叶叶腋生长成的对生枝上的叶序全呈互生状态；D显示一个具对生叶的枝；E显示对生叶枝上，对生叶一叶退化变小；F显示互生叶枝，上下两叶夹角呈180°，再上一组呈180°夹角的两叶与下一组呈90°夹角。在同一株构树上可以看到：同时生长有对生与互生两种不同的叶序；同一个枝上也可能同时具有对生与互生两种不同的叶节；同一个枝上不同年份生长出不同的对生与互生不同的叶序。看来构树叶序的对生与互生是生长期因外在环境条件不同引起的成对叶裂，一叶裂生长滞后造成一侧节位上升，导致叶序由对生演变成为互生，而不是因内在遗传因子所主使，是由外因诱导遗传基因互作的结果。

从悬铃木的例证中还看到一个现象，双子叶植物对生叶上、下节位的叶呈90°夹角。如果对生叶一叶退化，则它的上、下节位的叶仍然呈90°夹角（图96）。但是，如果上、下节位的叶（对生或一叶退化）着生在横出枝上，它们就可能因来自茎秆侧面的光照诱导，导致横枝上的叶向光平展而呈近乎180°的夹角（图98-A、B）。产生这种效应是因生长素具背光性，常聚集于背光面而诱导背光面的叶柄与茎秆的细胞伸长与变形造成的。正如向日葵（*Heli-anthus annuus* L.）的头状花序总是向着太阳转的机制是一样。如果光照方向来自茎秆顶端，就没有这种诱导集聚生长素作用的发生，上、下叶位的夹角则保持90°不变（图96）。

以上介绍的桑科的构树，悬铃木科的悬铃木，蔷薇科的桃、李，它们的叶在以前的植物学书中都被看成是单叶，而它们实际上都是由多数次生节轴开裂、平展、蹼连、衍生构成的复合叶性器官。由于是多节轴构成的复合系统，因此它的次生维管束系统也反映出它的复杂的构造，图97所示悬铃木的叶就是一个典型构造。它们与石松、卷柏、柏、杉、麻黄的单叶的构造完全不同，不是由一个节轴的叶裂构成，而是由多级次生节轴联合蹼连形成。这种由多级次生节轴联合蹼连形成的叶需要加一个形容词“复合”来描述或表达。小麦、大麦、葱、蒜、白菜、芥菜、悬铃木、构树等，这些以前通称为单叶的叶应当称之为复合单叶。复合单叶也是被子植物的一大特征。在蕨类植物与裸子植物中多节轴构成的叶都是复叶。例如前面介绍过的蕨类植物的七指蕨、观音座莲、井口边草、铁芒萁、海金沙；裸子植物的苏铁。单叶都是由单节轴构成，如裸蕨类的松叶兰，蕨纲的满江红、瓶耳小草、卷柏、石松、水韭、木贼，以及裸子植物的松、柏、银杏、麻黄、百岁兰。

还要提请注意：像悬铃木与构树的对生复合单叶或互生复合单叶所代表的对生或互生是托叶的对生或互生。因为这些复合单叶是第1节轴叶裂托叶的叶裂腋上演生的次生节轴再形成的复合单叶。

第七章　高等植物器官建成

高等植物的器官是在一定的环境条件下，由植物本身的遗传物质表达一系列的生理生化进程而衍生出具有特定性状的特定器官。它的特定性状也就是特定的遗传性状。许多人认为特定的遗传性决定一定的性状，是不变的。这种观点实际上是错误的。事实上，相同的遗传性在同一环境条件与生理条件下才表达出同一的性状，在不同的环境与生理条件下就表达出不同的性状；不同的遗传性在不同的环境条件与生理条件下可能表达出同一的性状，在相同的环境与生理条件下也可能表达出不同的性状。

以普通小麦（*Triticum aesticum* L.）为例，从胚囊的卵细胞与花粉管来的雄核结合受精开始，它就具有来自父母双方的成对染色体，含有ABD 3个染色体组一整套成对的DNA构成的完整的遗传物质，直到个体死亡，这一整套成对的DNA构成的完整的遗传物质是一直不变的。但是在个体发育不同的时期，由于外在环境与内在生理状况的不同，它所表达出的遗传性状是不相同的。从图70可以看到，不同生长时期同一株（同一个个体）上不同时期的叶的形态构造完全不同，胚芽鞘是由单节轴构成；基生叶是由多节轴构成，它的叶鞘上端开裂口很短，叶舌与叶耳不发育，叶片无缢痕；下部茎生叶，也就是分蘖期的主秆上的叶，叶鞘不完全开裂，叶耳与叶舌开始形成，叶片缢痕位于叶片中上部；中上部茎生叶，也就是拔节后主秆上的叶，叶鞘仍未完全开裂，叶耳与叶舌发育都良好；旗叶（剑叶），叶鞘完全开裂，叶耳与叶舌发育良好，缢痕位于叶片近尖端。它们的长短、宽窄、厚薄、大小差异非常之大，它们的遗传基础完全是相同的。它们生长发育时的外在的环境与内在的生理状况是完全不同的，因此它们同一的遗传特性的表达却因为外在的环境与内在的生理状况的不同而完全不同。基生叶的形态构造是在未完成春化生理改变前叶性生长表达出的遗传性状。茎生叶与旗叶（剑叶）是完成了春化生理转变，又在长日照、5℃以上的温暖条件下发育的。如果在5℃以下持续一定时间（视不同品种的遗传特性所需时间而定），完成了生理上的春化转变，再在长日照加温暖的外在条件下，小麦进行拔节生长，它的叶裂也就呈现茎生叶的表达。所以说，遗传性相同，外在环境与内在生理的条件不同，它的表达是不相同的。

在同一植株上，同一外在环境条件下，不同的分蘖间的遗传特性的表达也可能不同。例如同一株分枝穗小麦，如果它生长在良好的开阔地里，虽然它具有良好的生长环境条件，它的多数分蘖都没有退化，都成长成穗，但是它的分枝穗遗传性状的表达，在不同的分蘖间一定是不一样的。主穗穗分枝遗传特性表达良好，按分蘖顺序穗分枝遗传特性的表达依次递减，最上节位或最后次生分蘖的麦穗可能没有分枝，成为不分枝的单穗。

在通常栽培条件下不具穗分枝性状的品种，完成春化生理转变后，给予短日照遮光处理，也可以产生分枝麦穗。1960年，笔者在新德里印度农业研究所看到他们对小麦做的短日照处理试验的结果，其中就有分枝麦穗的标本。当时参观的人问试验人员："这个分枝穗遗传不遗传？"试验人员回答说："不遗传。"

当时大家已明白是怎么一回事，也就没有人再问。但是它反映出这位发问的人与答问的人对遗传及其表达的理解是错误的。如果发问的人把他的问话说成是"这个分枝穗的麦子在不遮光的情况下遗传不遗传？"这样问者与答者对遗传的理解就都是正确的。因为试验表明，所有小麦品种都具有表达穗分枝的遗传特性，只是不同的品种要表达穗分枝的日照长短有所不同。那个因短日照处理生长出分枝麦穗的品种，它的分枝遗传特性也是遗传的。只不过它的DNA序列表达出分枝穗性状要在特定的短日照条件下。而被称为分枝小麦的品种，它的DNA序列在通常的栽培环境日照长短下，就是它表达穗分枝的特性的环境条件。它们不是含有穗分枝的遗传特性的有无，而是它们的DNA表达分枝穗性状所需要的日照长短的条件不同。不仅是外在环境条件，内在的生理条件的差异也会使同一个体在不同的部位或不同的时期（例如不同的年龄）表达出不同的遗传性状。例如，一株小麦可能主穗具有分枝而分蘖穗不具有分枝。

在四川温暖的冬天，强冬性的奥德萨3号完不成春化生理转变，始终处在分蘖阶段。它的多节轴发育始终都是相似的基生叶的形态构造（图70-C），它的叶舌、叶耳不发育，叶片上没有缢痕；叶鞘只在上部具有很小的裂口，要等到腋芽的生长才把它胀开破裂。如果同样的奥德萨3号刚萌动的麦粒经过人工的春化处理（5℃，20d），它与春性小麦成都光头（即中国春）同时适时播种，则会同样拔节抽穗，只有4 ~ 6片基生叶，赓续形成4 ~ 5片茎生叶，最下面的茎生叶叶鞘半开裂到剑叶叶鞘全开裂。茎生叶的叶舌、叶耳、缢痕都发育良好。再就是17 ~ 24个两两节轴相聚叶裂退化的穗轴节的形成。穗轴节上退化成一环痕迹叶裂腋长出的腋芽的节轴的叶裂再恢复生长，其叶裂上端发育成为颖与内、外稃，内、外稃的腋生节轴再进一步发育成雄蕊与雌蕊。节轴是相同的，一个两极生长，上端是可以膨胀开裂的构造。它们在不同的外在与内在条件下，构建成小麦植株体上不同形态与不同功能的器官。

小麦属基因组（A^uA^u、A^mA^m、$B^{sp}B^{sp}$、A^uA^u、$B^{sp}B^{sp}$、A^mA^m、$B^{sp}B^{sp}$、A^uA^u-A^mA^m $B^{sp}B^{sp}$、A^uA^uBBDD）的DNA发生突变，经长期自然选择留下适应生存的基因组合，在内外条件作用下交织生长反映表达。说明个体一生没有改变的基因组在不同时期、不同的外在与内在条件下构成不同形态与不同功能的器官，完成相互衔接、相互依存的器官发育与生长，构成一生的不同的发育形态阶段。图99与图100为普通小麦不同的发育形态阶段植株的纵切面与生长锥，显示不同发育形态阶段，节轴构成不同的形态的叶性器官：胚叶、鞘叶、基生叶、茎生叶、剑叶、穗轴环、颖、外稃、内稃、雄蕊、雌蕊心皮、外珠被与内珠被。

图101为生长锥未受抑制的畸态雄蕊，说明花药是由两片叶裂构成的，一个雄蕊是一个节轴，它的叶裂腋可以再生腋轴构成生长锥。

形成节轴不是单独一个细胞，而是一团分生细胞。通常这一团细胞含遗传基因是相同的，来源于同一受精卵。但是，可能因部分细胞发生突变而使这一团构成节轴的细胞形成遗传性不同的嵌合体。这就可能使同一节轴形成的器官的不同部位的组织有不同的遗传特性的表达，最常见的是色素嵌合体。例如原产南非常作盆景栽培的吊兰 [*Chlorophytum comosum*（Thunb.）Jacques]，它的叶片常有叶绿素缺失的黄白色条纹嵌合的品种。由具有不同遗传特性的植株经嫁接后相互嵌合形成一团分生组织构成节轴，在同一器官上不同部位表达不同的遗传特性也是屡见不鲜，多有记载。这些实例都说明节轴是由一团分生细胞发育而来的。

再来看十字花科芸薹属（*Brassica* L.）的几个种。先来看这个属的模式种芥蓝（*Brassica oleracea* L.），它是英国到地中海亚热带海滨常见的一二年生植物，秋冬发芽生长，春夏开花结实。自古以来人们喜食芥蓝的茎、叶与带花芽的花茎，并加以栽培。芥蓝的一生中，虽然遗传性没有变，但由于外在环境与内在生理状况的演变使芥蓝的遗传表达有所不同，形成多节轴构成的

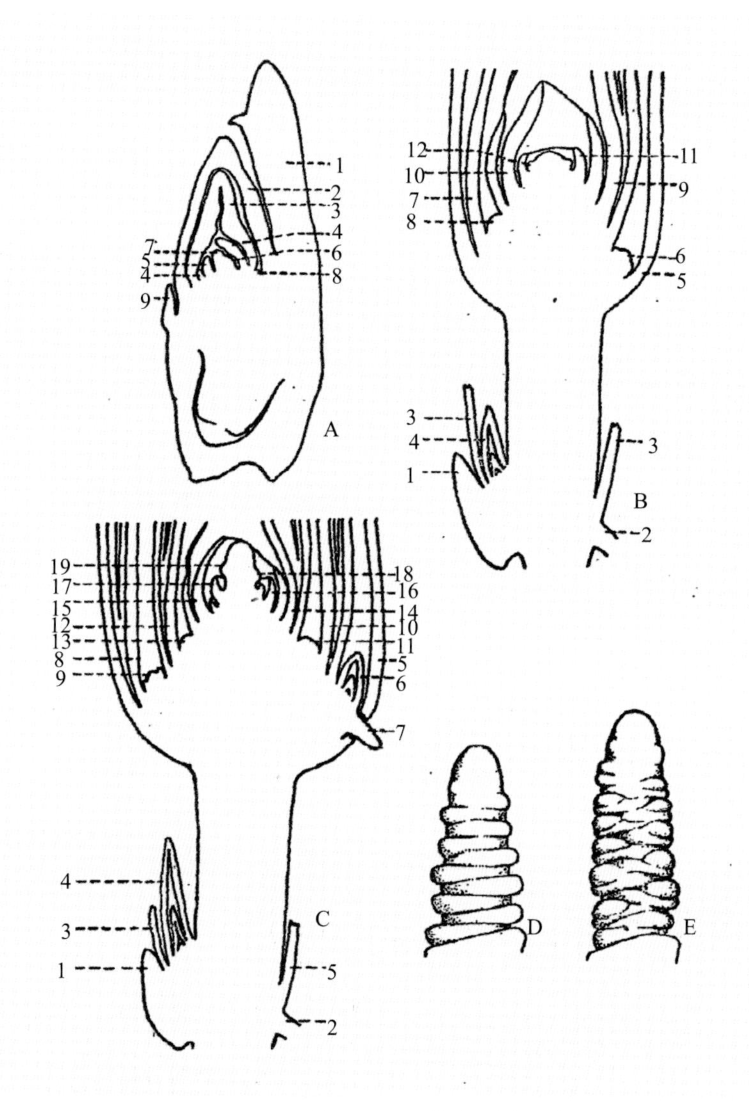

图99　*Triticum aestivum* 第1、2、3发育形态阶段的生长锥形态

A. 胚的纵切面，示第1发育形态阶段初期：1. 盾片；2. 鞘叶；3. 第1绿叶；4. 第2绿叶；5. 第3绿叶原基；6. 第4绿叶原基；7. 生长点；8. 鞘叶腋芽——第1分蘖芽；9. 外胚叶

B. 第1发育形态阶段中期幼苗纵切面：1. 盾片；2. 盾片节对位种子根；3. 鞘叶残体；4. 鞘叶腋芽——第1分蘖芽；5. 第1绿叶；6. 第2分蘖芽；7. 第2绿叶；8. 第3分蘖芽；9. 第3绿叶；10. 第4绿叶；11. 第5绿叶原基；12. 第6绿叶原基

C. 第2发育形态阶段初期的幼苗纵切面：1. 盾片；2.盾片节对位种子根；3. 鞘叶残体；4. 第1分蘖芽；5. 第1绿叶；6. 第2分蘖芽；7. 第1分蘖根；8. 第2绿叶；9. 第3分蘖芽；10. 第3绿叶；11. 第4分蘖芽；12. 第4绿叶；13. 第5分蘖芽；14. 第5绿叶；15.第6绿叶；16. 第7绿叶；17. 第8绿叶原基；18. 第1穗轴节不发育叶原基；19. 第2穗轴节不发育叶原基

D. 第2发育形态阶段末期的生长锥

E. 第3发育形态阶段中期的生长锥

（引自颜济、敖栋辉，1963：图1.）

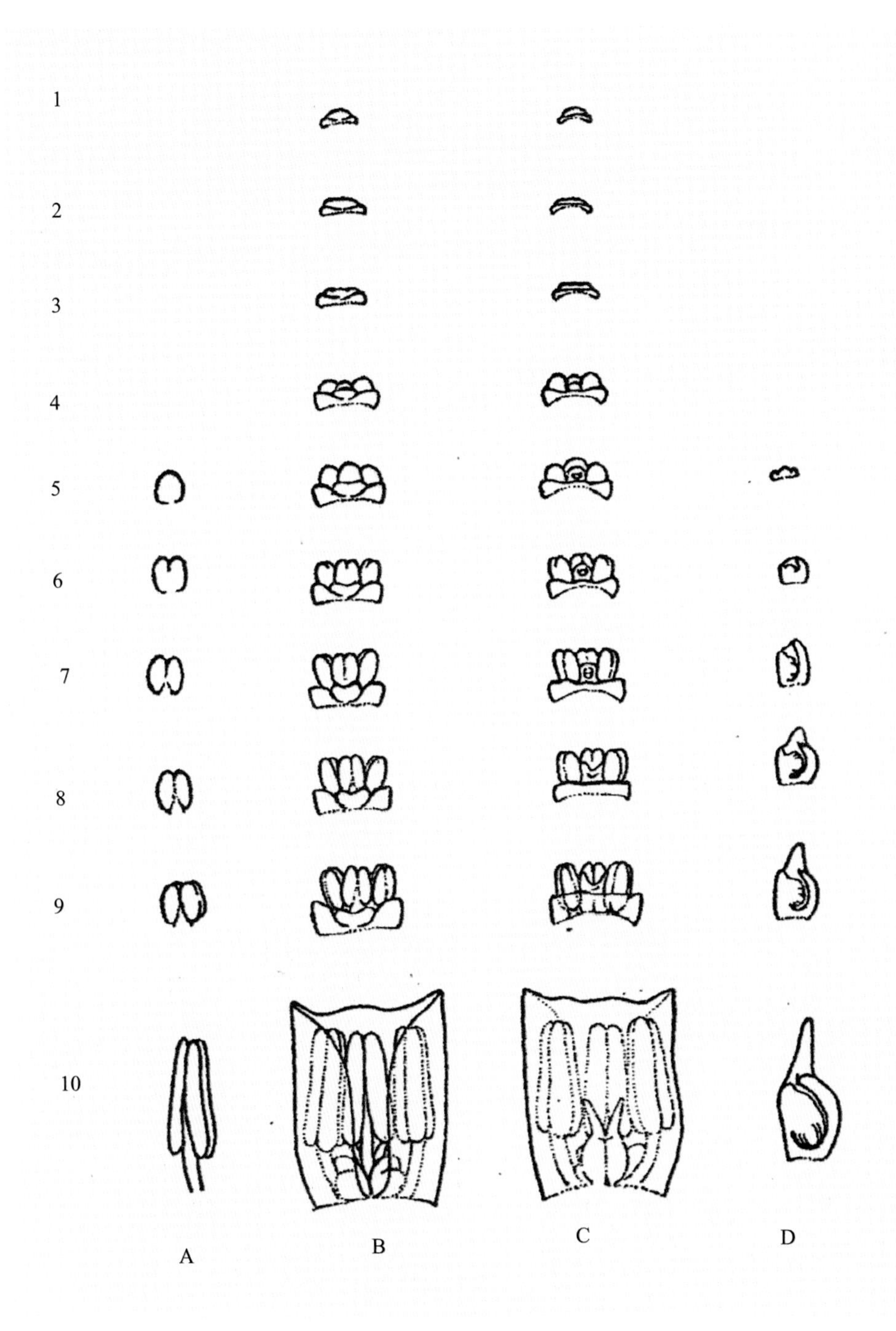

图100　小麦花器的分化过程

1 ~ 10. 各级分化时期

A. 雄蕊　B. 小花远轴面观　C. 小花近轴面观　D. 雌蕊

（引自颜济、敖栋辉，1963：图3）

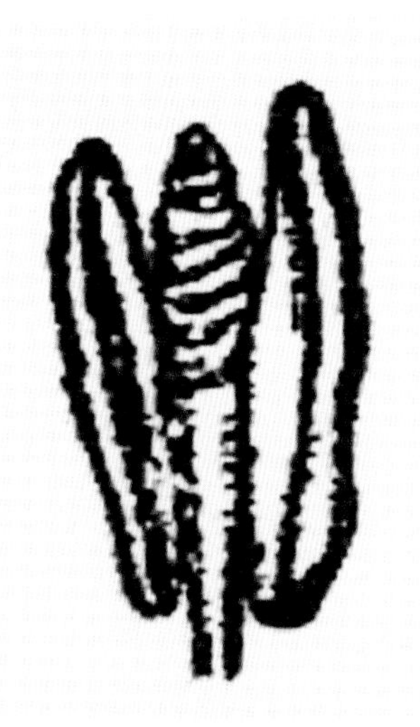

图101　顶端生长锥未受抑制的雄蕊，由它形成一生长锥
（引自 Купермен，1953）

器官具有不同的形态差异。初生的真叶具有长柄，这种长柄叶的顶端叶片卵形，或下具1 ~ 3个与顶端叶片多少相连的小叶裂；花茎上的叶无柄，由矩圆形过渡到披针形；花萼、花瓣、雄蕊与雌蕊差别就更大了。但是它们的遗传性都是相同的，表达却因外在环境与内在生理条件的更改而完全不同，形成形态各异的单节轴或多节轴构成的不同叶性器官。

从另一方面来看，第1发育形态阶段持续时间长的突变品种，具有较多的长柄叶，而在这个时期复合节轴组成的茎秆，木质部内的髓部薄壁细胞大量分生，形成膨大柔嫩球茎。人们喜欢它的这种畸态球茎，并将芥蓝这种遗传变异纯化保留下来育成特殊的栽培品种取名为苤蓝（*Brassica oleracea* L. var. *gongylodes* L.）。苤蓝与原变种芥蓝（*Brassica oleracea* L.）之间除球茎以外，其他形态性状差异不大，并且相互杂交没有生殖隔离。

第1发育形态阶段持续时间短，第2发育形态阶段持续长的突变品种，只有少数长柄叶，却具有较多的矩圆形无柄叶。由于这些无柄叶分生较快，尚未张开就相互紧贴，以致相互包卷成一叶球。人们喜食这种叶球内层嫩白的叶，而把这种遗传变异纯化保留下来育成特殊的栽培品种取名为球叶甘蓝，或称卷心菜、莲花白。科学生物分类学的先驱C. Linné 正确地给它定名为 *Brassica oleracea* L. var. *capitata* L.，作为芥蓝的一个变种。结球甘蓝与芥蓝之间没有生殖隔离，定为变种是恰如其分的。这种球叶畸态，对植物本身来说毫无益处，如果没有人为用刀把它切开，结球甘蓝连花也无法开，更不用说结实。如果在自然选择下，这种不利植物本身生存的突变一出现就会因不能结实而被淘汰。

与球叶甘蓝十分相近的还有一类突变群，它们也是第1发育形态阶段持续时间短，第2发育形态阶段持续长的突变品种。与球叶甘蓝不同的是密集的矩形无柄叶不相互包卷成叶球，上部心叶具深紫色或红色花青素，或叶绿素退化而呈黄白色，或叶片边沿皱卷，用作观赏植物。它与芥蓝之间也没有生殖隔离。它的学名被定为 *Brassica oleracea* L. var. *acephala* L. f. *tricolor* Hort.。

与球叶甘蓝也是十分相近的另一类突变群，它们也是第1发育形态阶段持续时间短，第2发育形态阶段持续长的突变品种。与球叶甘蓝不同的是矩形无柄叶不相互包卷成叶球，叶与叶间茎秆节间像原变种一样伸得很长，叶腋腋芽生长成小叶球，其与芥蓝之间也没有生殖隔离。1922年 Zenker 将其定名为 *Brassica oleracea* L. var. *gemmifera* Zenker，即抱子甘蓝突变群。其与球叶甘蓝的不同在于，个体发育中形成抱叶畸变的生理状态稍晚于球叶甘蓝。

第1、第2发育形态阶段持续时间短，第3发育形态阶段持续较长，第4发育形态阶段持续时间特长的突变品种，在只呈现1 ~ 2长柄叶，几乎没有矩圆形无柄叶时，就进入第3发育形态阶段，形成10片左右的又长又大的披针形无柄叶作为进行光合作用的主要叶性器官。第4发育形态阶段长，形成大量细小的花芽与肥厚的花茎，构成一个柔嫩的花芽球而不进入开花阶段。因此称之为球花甘蓝，也叫花椰菜。C. Linné 给其定的学名是 *Brassica oleracea* L. var. *botrytis* L.。它与芥蓝之间也没有生殖隔离。这个突变群也像羽衣甘蓝一样，其花球也有不同的色素突变，具有花青素呈紫红色，具有叶绿素呈绿色，或者完全失去色素呈白色，形成各式各样的品种。

这个种在长期的栽培条件下积累了大量的突变基因，并在人为选择下形成了形态各异的变种（variety）或更确切地说应称之为品种群（concultivar），如上述的苤蓝（球茎甘蓝）、球叶甘蓝（卷心菜）、羽衣甘蓝、抱子甘蓝与花椰菜（球花甘蓝）。由于它们的形态差异看起来很大，过去一些分类学者受历史局限不明白遗传亲缘系统关系，只看形态差异，粗浅地把这些变种错定为不同的种（species），如把苤蓝定名为 *Brassica caulorapa* Pasq.，抱子甘蓝定名为 *Brassica gemmifera* Lévl.，栽培芥蓝定名为 *Brassica alboglabra* L. H. Bailet。随着遗传科学的发展，对这些种与它们

的变种或品种的遗传亲缘关系已研究得十分清楚。但是却有人因“鉴于群众已广泛使用，仍保留传统观念，把每种蔬菜作为独立的种处理”。对科学研究来说，这种做法当然是错误的。

在芸薹属内，其他的种如*Brassica chinensis* L.、*Brassica juncea*（L.）Czern. et Coss. 与*Brassica oleracea* L. 的器官构建规律是完全相似的。从图86所示的白菜的叶性器官可以看到，子叶、有柄叶、不同的无柄叶、花萼、花瓣都是具有相同遗传基因的节轴，在不同外在环境与内在生理条件下形成的形态差异非常巨大的同一个体上的不同叶性器官。这也说明，相同的遗传基因在不同的外因诱导下可引起内因变异形成不同形态的器官。遗传基因的突变引起对外因反映的微调，从而引起内因发生差异，引起不同品种间相对应器官形态发生差异，也就造成不同品种的形成。

与甘蓝一样，它们的原型如*Brassica chinensis* L. var. *oleifera* Makino et Nemoto（黄油菜）及*Brassica juncea* L. var. *gracilis* Tsen et Lee（高油菜），它们的个体发育除在不同外在环境与内在生理条件下形成形态不同的叶性器官外，各个器官没有明显畸态的发生。但是这几个种都有在不同发育形态阶段发生相似的畸态突变，例如属于*Brassica chinensis* L. 的也有球叶畸变，人称“大白菜”[虽然有人错误地称它为*Brassica pekinensis*（Lour.）Rupr.]，它与黄油菜之间没有生殖隔离。本种的紫菜薹与*Brassica oleracea* 的芥蓝的发育形态机制是相同的。属于*Brassica juncea* L. 的植物也有球茎的畸变，这种畸变的球茎，其形成的发育形态机制与苤蓝是一致的。长球根的根用芥菜（*Brassica juncea* L. var. *megarrhiza* Tsen et Lee）与本属的芜菁（圆根）的发育形态机制是相同的；与萝卜（*Raphanus sativus* L.）的肉质根的发育形态机制也是一致的。根用芥菜、芜菁、萝卜在生理上都是强冬性，反映在叶性器官的形态特征上都有密集成丛的有柄叶。完成春化后，在长日照下抽薹开花，花梗上具无柄披针叶。在未完成春化与长日照以前，根的木质部薄壁细胞大量分生，贮存光合产物而形成膨大的肉质根。如果不贮存在根中而贮存在茎中则形成苤蓝或茎用芥菜。如用作分蘖，形成大量第1发育形态阶段的腋芽，生长大量的有柄叶丛，这就是雪里红（*Brassica juncea* L. var. *multiceps* Tsen et Lee）的发育形态的构成机制。形态发育看起来五花八门，清理起来也是有序可循的。以上主要阐述了十字花科植物几种畸态的根、茎、叶及花序结构的构建。

1957年与1958年笔者在《植物学报》上先后发表两篇文章分析探讨十字

花科长角果与雄蕊是如何形成的。在这两篇论文中，借助畸态花器造成的中间过渡形态的比较，明确了“芸薹属（*Brassica*）中的长角果是由同节两轮心皮构成。外轮四不稔心皮中一对心皮构成壳状果瓣中央部分，另一对心皮构成结实果瓣外部组织及壳状果瓣侧沿部分。一对内轮可稔心皮分别与两外轮不稔心皮中脉部分腹面相对联合形成结实果瓣。由内轮可稔心皮侧生分枝生长锥形成胚珠，内轮可稔心皮不参加花柱及柱头的建造。隔膜由内轮可稔心皮背部纵轴线形成桥连构成”。当时笔者还不了解“多节次生节轴”这一高等植物基本的构造单位。虽然在长角果的组织构建上澄清了各部分的相互关系，但是在当时，最根本的组织起源与结构的建成对笔者来说，并不明白。在胜利油菜（图102）上畸态角果十分清楚，高度畸态角果（图102-3）呈现出两片绿叶状构造。而从图102-4、5可清楚看到沿主脉具有两列小绿叶裂片。图中还正确地比较了花椰菜中脉具有的小绿叶裂片（图102-8、9）。这些小绿叶裂片是由许多节轴裂展形成。胚珠也是由这些小绿叶裂片叶再生的多重节轴演变而来。芸薹属的长角果是由两片多节轴构成的绿叶建成，就是高度畸态角果（图102-3）也呈现出两片绿叶状构造模式，不是四片心皮。如果把一片绿叶认定是一片心皮，那就是由两片心皮构成。这个心皮相当于一片胜利油菜的绿叶，它不仅产生许多新节轴沿主脉形成小叶，而且这片大绿叶也是由多节轴构建而成的。另外，不能忘记维管束是次生的，是由生长激素流迹处聚集的生长激素促使薄壁细胞转化形成木质部、韧皮部，以及形成层演变而来。看到一条大维管束就认定它是一根轴、代表一个心皮，是不正确的。从图102-3看到的长角果退变为两片绿叶就清楚地表明长角果是由一轮两片心皮建成。这两片心皮都是大型的多节轴构建的羽状绿叶，就是相当一个枝。胚珠是由这片多节轴构建的绿叶（心皮）上腋生侧芽建成的，其本质也是由多节轴构成的，也就与长角果上端的柱头建造无关。图103与图104看到的维管束系统，在悬铃木的叶脉（见图97）中就见到过，是多个次生节轴系统分化出来的各自的次生维管束相互聚集在一起的体现。在悬铃木中则是来自复合叶的多重叶裂，在胜利油菜中则是来自外壳与胚珠。图103与图104 显示的外层主脉，是柱头与花柱下行生长激素诱变形成的。长角果的壳状果瓣是由两片心皮（相当于一片复合绿叶）各一半愈合而成，它的中脉是各一半心皮构成壳瓣的生长激素聚合流迹诱变薄壁细胞演变形成（图105）。在图102-3看到的两片绿叶相互愈合而成的畸态角果（图102-2）的横切面（图106）中壳状果瓣背脊的一条粗大主脉位于两片心皮愈合的边沿愈合缝中央，而不在心皮中央，也清楚表明维管束的次生性质。

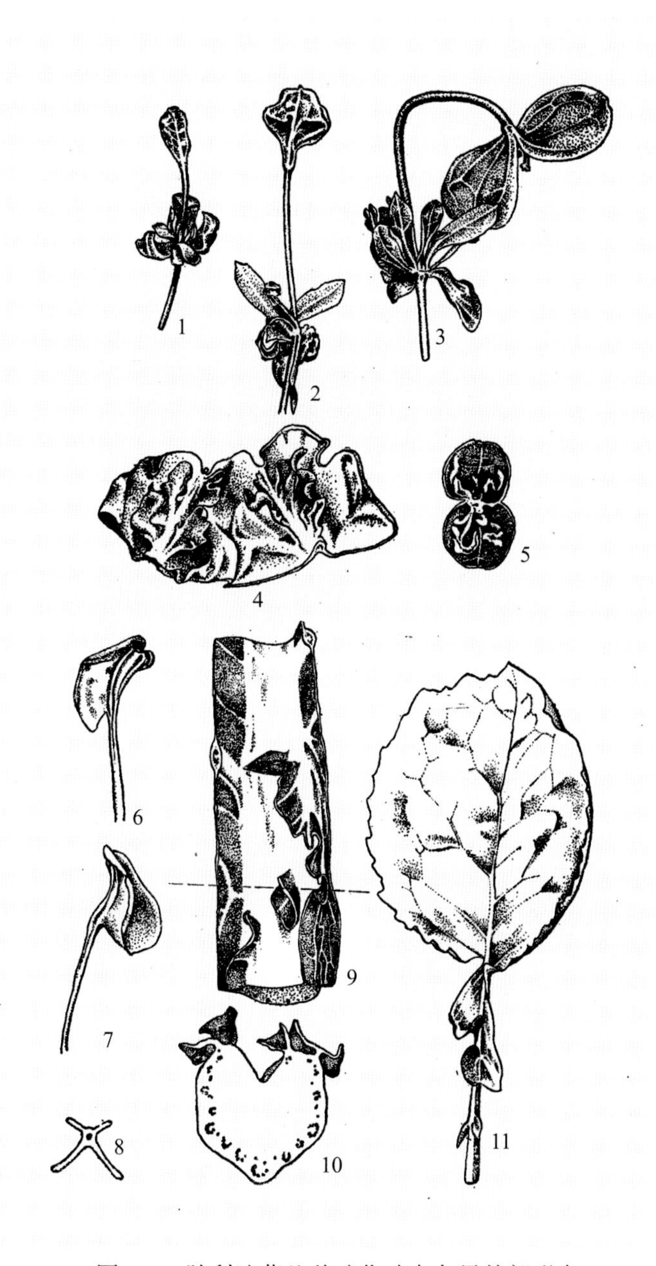

图102 胜利油菜几种叶化畸态角果外部形态

1. 轻中度畸态角果 2. 中度畸态角果 3. 高度畸态角果 4. 中度畸态角果上半部切开展平后，示沿主脉形成的两列小绿叶裂片 5. 中度畸态角果上半部横切后断面观，示沿主脉形成四列小绿叶裂片在子室中卷曲状 6. 胜利油菜畸态雄蕊外部形态 7. 同上背面观 8. 胜利油菜畸态雄蕊横切面（花药部分） 9. 花椰菜（*Brassica oleracea* var. *botrytis*）叶片中脉具额外小叶裂片的标本外部形态 10. 同上虚线处横断面 11. 胜利油菜叶柄小叶裂片卷回呈耳状构造

（颜济，1959）

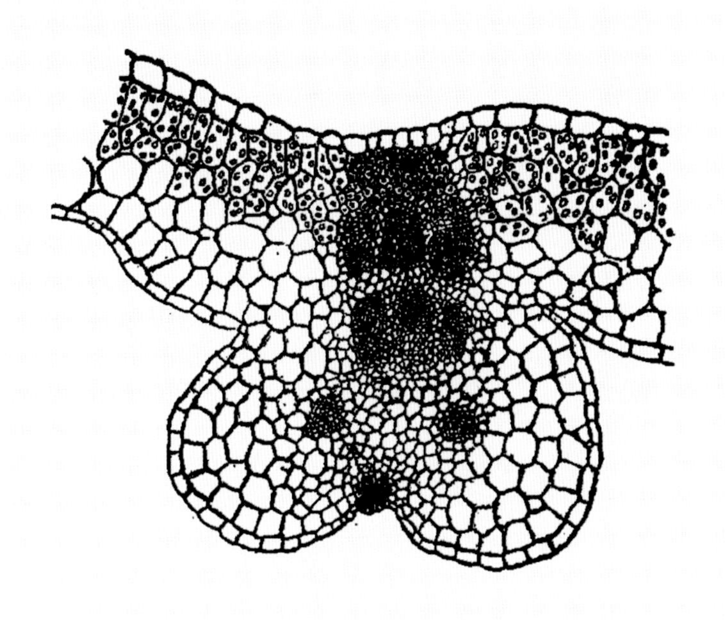

图103 胜利油菜畸态子房壁部分放大，示结实外主束、结实内主束及其周围组织的形态结构

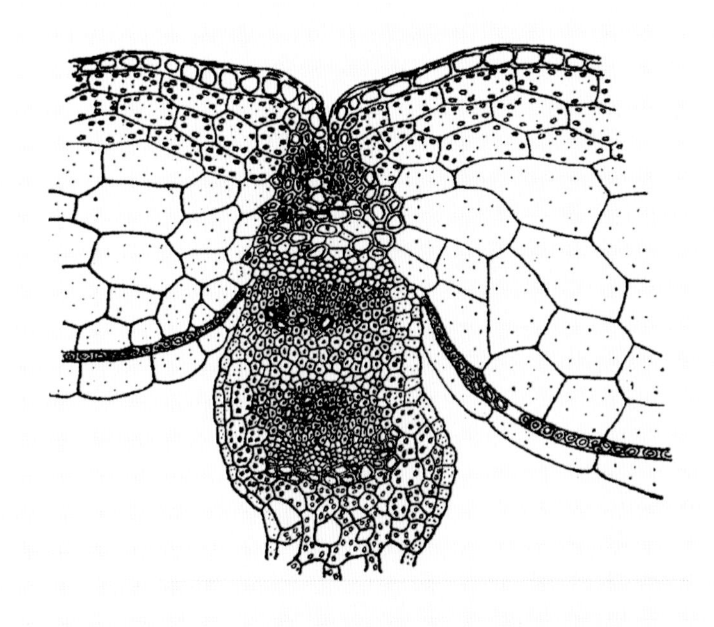

图104 胜利油菜正常角果子房壁部分放大，示结实外主束、结实内主束及其周围组织的形态结构

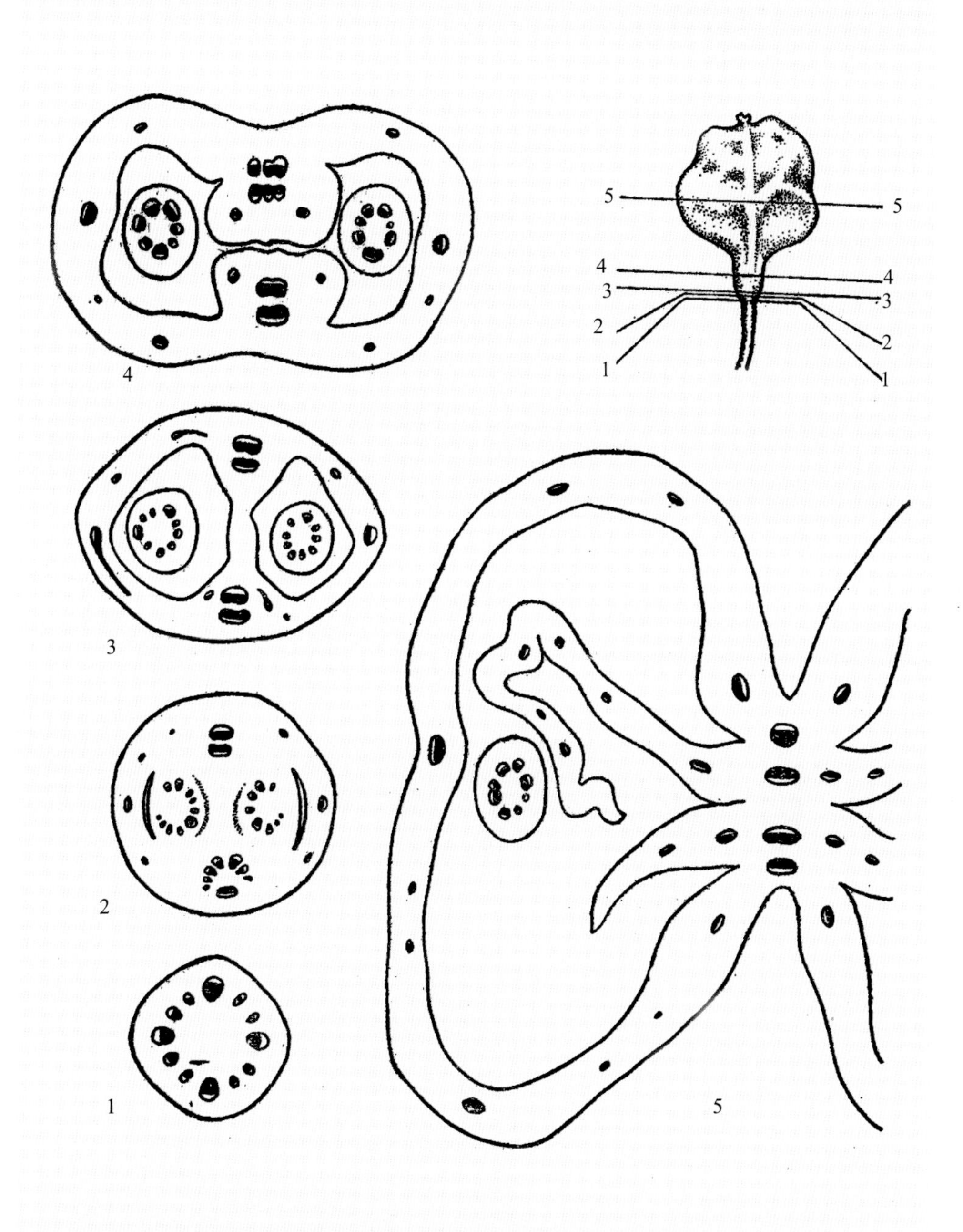

图105　胜利油菜中度畸态角果连续横切面，示维管束分布及心皮关系

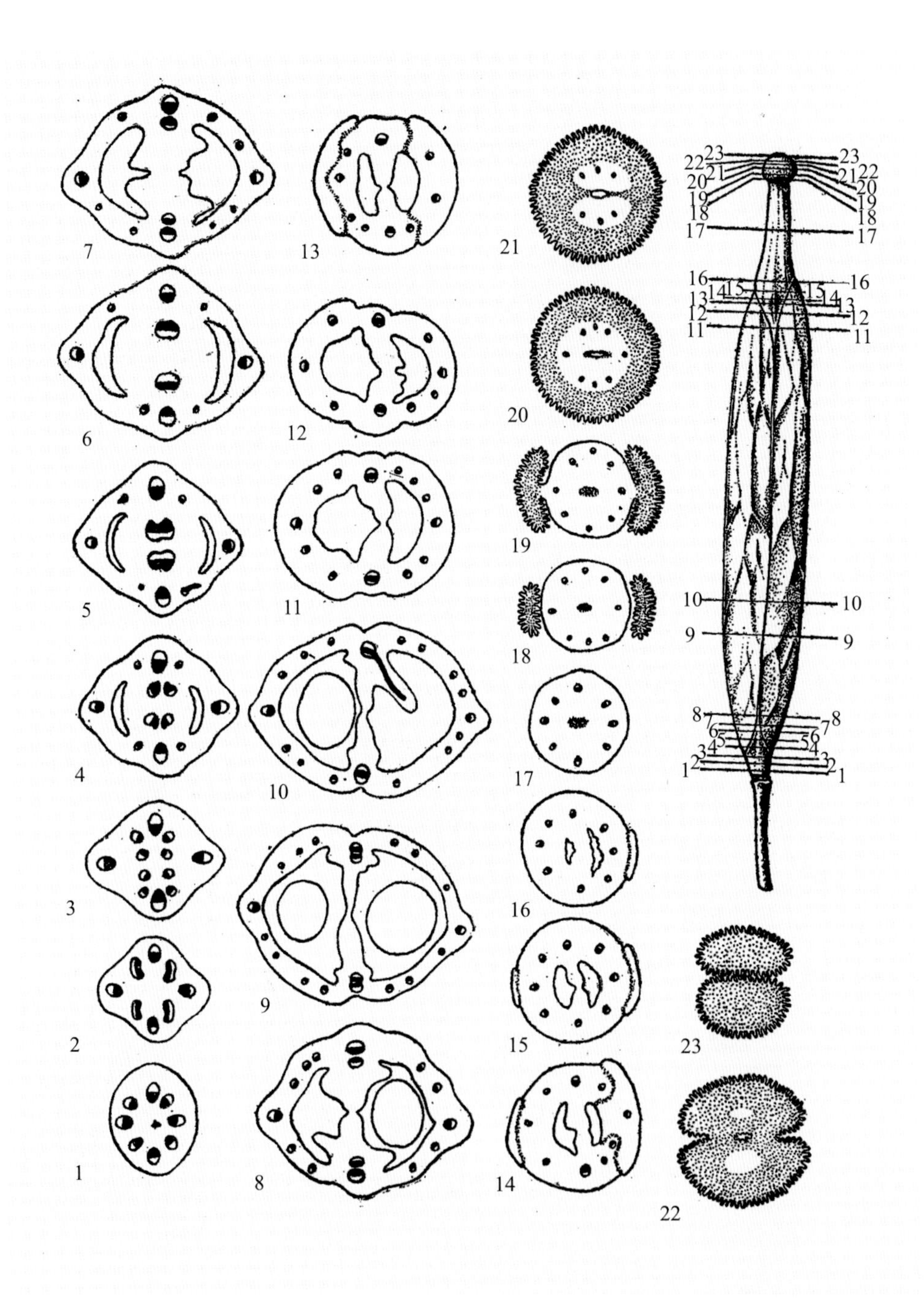

图106 胜利油菜正常角果连续横切面，示维管束分布及心皮关系

第一节　一年生植物与多年生植物、草本植物与木本植物茎秆的建造

一年生植物也可以说是一二年生植物，从种子萌发到开花结实经历一年，从春夏到秋冬，如春小麦、青稞、豇豆、南瓜。也有一些是秋生夏实，跨年生长。有人称之为二年生，如冬小麦、大麦、油菜。一二年生的植物没有木质部强大增生的茎秆，都是人们称为草本植物的类群。虽然它的茎秆也是由多个节轴下端相互愈合形成，但是相互愈合的节轴下段的分生组织没有形成旺盛分生的形成层。因此也就没有不断分生的木质部与韧皮部，没有不断再生增粗的茎秆。

多年生植物一生跨越多年，甚至生长千年以上，如美国加利福尼亚州的红杉[*Sequoia sempervirens*(Lamb.)Endl.](图107)，株高可达100m以上，茎干直径可达5 ~ 6m，被称为“世界爷”。它高大的茎干也是乔木的代表，复合节轴下端构成的茎干成为这个植物体最令人瞩目的器官。

A

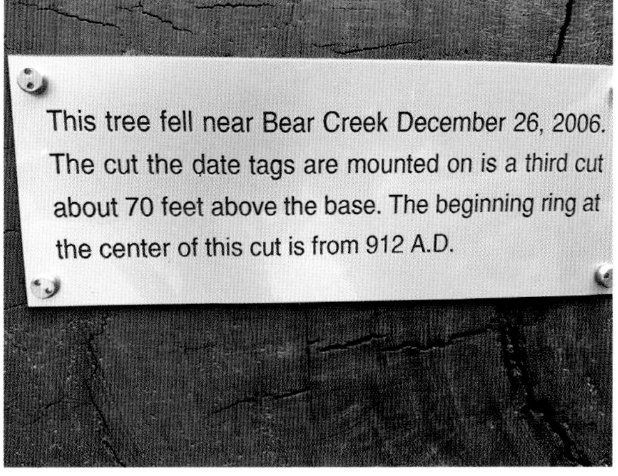

B

图107　红杉[*Sequoia sempervirens*(Lamb.)Endl.]及其树干横切面

A. 美国加利福尼亚州的红杉树与汽车对比，可见其树干的高大　B. 2006年12月26日倒在美国加利福尼亚州熊湾附近的红杉树。这个距基部约21m的第3横断面上显示的位于中心的初始年轮是从公元912年起始的。说明它这一段已生长了1094年以上。它的树干基部当然比这上面的一段生长的年龄要更长久得多

（颜丹摄，2014）

矮小丛生的多年生木本植物，人称灌木。灌木虽然也有与乔木相似的形成层，以及由其分生而来的木质部与韧皮部，但是没有像乔木那样的旺盛分生，以致它的茎干比较细小，没有粗大的树身。低矮纤细的枝丛成为茎干这个器官的特征。

草本植物也有多年生的类群，如百合科的葱及许许多多的兰科与菊科植物。它们没有木质茎秆，与一二年生植物一样拔节开花后上段茎秆枯死，而在近地节腋生分蘖、球茎或匍匐茎继续生存生长。它们的维管束在分化过程中没有形成层的衍生，茎秆也就失去再生木质部与韧皮部的能力，也就不继续增粗增大。

裸子植物中的百岁兰是非常特殊的，它没有伸长的茎秆，在第2节轴上端形成的两个叶裂构成的两片不断生长的绿叶外（也有多片叶裂的），再上端的次生节轴构成生殖枝。这种茎秆器官的构建形态，不能说它是灌木，也难以说它是多年生草本，只能把它作为另一类来看待。

草本植物与木本植物的不同是以下要探讨的一个重大问题。这是多个节轴的下端相互愈合形成茎秆的不同的构建方式。草本植物节轴上端形成的叶裂中下行的生长激素诱变衍生形成的维管束中，没有保持分生状态的形成层继续不断地分生木质部与韧皮部的能力，因此茎秆不能不断形成新生的木质部与韧皮部而使茎秆木质化。如果这种由形成层向内分生木质部、向外分生韧皮部的机制处于不断运行状态下，茎秆便不断增粗，加上茎秆上端的不断新生的节轴使茎秆不断延长伸高，则使植物体构成高大的乔木。前面谈到的红杉就是这样建成的。常绿乔木 *Citrus grandis*（L.）Osbeck 也是这样建成的，还有许许多多的常绿与落叶的乔木也都是这样建造而成的。通常这些乔木都可以生长几十年或上百上千年。这些乔木通常由种子播种到第1次开花要7 ~ 8年，例如*Citrus grandis*（L.）Osbeck，有的甚至要20 ~ 30年，如*Ginkgo biloba* L.，人称“公孙树”（公公播种栽树，孙孙才能吃得上银杏果）。但是，1945年春，观察到在一棵大梨树阴被下的腐殖质非常丰富的土壤中，有几株散落的*Citrus grandis*（L.）Osbeck种子萌发长出的二年生幼苗，在这些幼苗顶端各形成一朵完整健全的花，开花后没有结果。如果结果它也支撑不起1 000 ~ 1 500g单个重量的柚子，说明这种多年生的乔木在只生长一年的情况下，就可以完成各个发育阶段形成花这样的生殖器官。究竟是什么因素诱导这几株生长一年的幼苗就开了花，可能是梨树造成的阴被改变了光照亮度的原因。当然这只是估计，还需要实验来验证。但是*Citrus grandis*（L.）Osbeck

的种子萌发生长出来的二年生幼苗就可以进入花期是客观存在的事实。

2015年春，雅安四川农业大学老板山东面上山路口东坡，种植有一片斑竹（*Phyllostachys bambusoides* Sieb. et Zucc.）。这种多年生植物斑竹，究竟是草本植物还是木本植物有不同的看法，在这里暂且不忙去讨论，现只探讨它的开花问题，也就是节轴裂开的上端演化为花器的问题。在这一片斑竹林中有一单株，它的地下根茎分布生长占地2 000 ~ 2 600m^2，根茎分蘖生长出40多秆斑竹，全都开了花。2015年秋季结籽后死亡。同一山坡，还有多株同时种植的斑竹，它们萌生的斑竹有几千茎秆，都没有开花，生长得非常茂盛。为什么这一株斑竹开了花，而其他的斑竹不开花？它们都处在相同气温与日照环境条件下。看来，这一株开花的斑竹与同一生长地的其他不开花的斑竹的差异应当是内因。斑竹可以生长多久不开花？可以生长20年以上不开花。这一片斑竹林是1994年栽种的，距2015年已有21年。其中最早萌生出来未开花的斑竹，已生长了20年。绝大多数的竹子，一生只开花一次，一开花就全株死亡。像一二年生的小麦一样，斑竹这种以根茎繁殖的种类，那就是一片竹林的死亡。从老板山上这株开花的斑竹来看，早年（应当是1995—1996年）生长出来的细小斑竹，1996年以后生长出来的粗壮斑竹，2014年生长出来不到一年的粗壮斑竹，同样、同时开花，看来引起开花的内因是以整株为单位，而不是以秆为单位。这一株斑竹生长了20年的秆与生长不到一年的秆同时开了花，而其他同时栽种的斑竹却没有开花。说明斑竹的开花没有一个株龄与秆龄的时限，而是由单株生理状态来决定。像这种开花的单株生理状态是如何引起的，还需要实验来探讨。但是，必然有诱导它开花的内因与外因。

这些粗大的斑竹秆是由粗大的竹笋形成的，也就是说，它不是后来增长变粗的，而是在竹笋生长初期多个节轴下端的分生组织还没有分化出维管束系统以前，汇聚成一团的节轴下端分生组织已旺盛分生成一巨大的节间组织复合体，由它分化形成一个粗大的斑竹秆。它与棕榈及裸子植物苏铁的柱状茎秆的生长方式是一样的，靠节间分生组织的初始分生，而不是形成层分生构成的后续增生。因此斑竹、棕榈、苏铁的粗大柱状茎秆不能再增粗。与前述乔木的茎干生长完全是另外一种不同的模式。棕榈与苏铁进入开花期以后，可以年年多次开花，茎秆年年继续向上生长，又与斑竹完全不同。

前面介绍的生长一年的柚树就开了花，就是这几株柚树苗，开花以后在其叶腋新生的腋芽没有再开花，以后3年都只是营养性生长。1948年，笔者将其中3株移植于墙边作为砧木，嫁接上沙田柚的接穗，1950年以后年年开花结实。1955年因园地被占，这个观察也就未能再继续。如果这3株柚树不嫁接，估计这3株柚树也会像其他柚树实生苗一样，七八年后才会再开花。也就是说接穗促使它提前开了花。

二年生植物如小麦、甘蓝，开花结实后就全株死亡。但是球茎甘蓝——苤蓝开花结实后，在茎秆上端、花梗之下的叶腋中还有未萌生的休眠状态的腋芽。笔者用苤蓝做了一个实验，即在苤蓝开花后把它的花序完全剪去，结果这些休眠状态的腋芽重新生长出来，并且形成苤蓝第1发育形态阶段的球茎（图108）。说明这些腋芽又重新回复到第1发育形态阶段，也说明发育阶段在个体上是可以回复逆转的。其草质茎秆没有形成层的分化，不能再生新的茎秆组织再次增大增粗与继续生长。但是，它的草质茎秆却没有像其他苤蓝开花结实后就枯死，而随新生球茎的成长又正常地活了一年多。看来因新生苤蓝球茎的生长，改变了内在生理状况而使旧茎秆的生命得以延续。这一长段老茎秆，虽然没有返青，也延长生命多活了一年多。这种在茎秆上发生发育阶段生理逆转还不只此一例，在柴达木赖草（*Leymus psudoracemosus* C. Yan et J. L. Yang）的穗上生长繁殖性小苗，珠芽蓼（*Polygonum viviparum* L.）的穗状花序中下部产生繁殖珠芽，吊兰[*Chlorophytum comosum*（Thunb.）Jacques]的花序上产生繁殖性小苗，都是相同的发育形态阶段发生回复逆转的现象。

A　　　　B

图108　球茎甘蓝剪去花序，花茎上部休眠腋芽重新回复到第1发育形态阶段形成新球茎
A. 全植株，示下部老球茎与上部新球茎　B. 示剪去花序花茎上部休眠腋芽形成的新球茎

前面已经谈到的，现在再归纳一下：在高等植物中，由多重节轴联合构建而成的茎秆有两大类：第1类是节轴下端的分生组织，即节间分生组织，在受到自上而来的生长激素的诱导下分化形成维管束，向内分化出木质部、向外分化出韧皮部时，两者之间仍有一层薄壁细胞保持它们的原始分生状态。构成围绕复合茎秆一环形向内继续分生木质部细胞、向外继续分生韧皮部细胞的横向增生的形成层。如果形成层一直生存不变而活跃分生，它就使多节轴下端构成的茎秆在不断增高伸长的同时不断增粗形成乔木的巨大树干这样耀眼的器官。如果形成层分生不活跃，则形成灌木的比较纤细的茎干。第2类是多个节轴下端的分生组织，即节间分生组织不断分生、相互连接愈合构建而成的茎秆的薄壁细胞，在受到自上而来的生长激素的诱导下分化形成维管束，向内分化出木质部、向外分化出韧皮部连接成一个整体时，即两者之间没有一层薄壁细胞保持它们的原始分生状态。这种多节轴下端愈合构成的茎秆就失去横向继续增生能力。单子叶植物、草本双子叶植物、苏铁的不能增粗的茎秆都是这样构成的。

第二节　叶、花的节轴演化形成，完成生殖功能的花与果实的机制

叶、花的节轴演化形成，完成生殖功能的花与果实的机制，至今仍然是一个未解之谜。从发育形态上来看（前面已多次进行阐述），花萼、花瓣、雄蕊、雌蕊、胚珠，都是由叶裂演变而来的，形态、功能各异，它们的遗传基因是一致的。是什么因素导致它们发生不同的变化？这些变化显著地发生在种子植物中，特别是被子植物。从19世纪开始植物学家就注意到外因的诱导。1865年，J. Sachs 就以紫牵牛与旱金莲为材料进行遮光处理试验。下部叶片在长光照下，茎端遮光，茎端可以形成花。把所有叶片遮光作短光照处理，就没有花芽形成。Sachs 提出在长光照下叶片产生了成花诱导物质，传输到茎端诱导茎端形成花芽。1914年Tournois 发现蛇麻草与大麻（*Cannabis sativa* L.）形成花受光照的调控。1920年，美国植物学家Garner 与Allard发现烟草（*Nicotiana tabacum* L.）栽培品种Maryland Mammoth 在夏季长日照下只长叶不开花，植株长到3 ~ 4m。如果在秋季将其移入温室使它不受低温冻死，则在秋冬的短日照下就形成花芽开花结果。秋季在温室播种的新苗，在秋冬的短日照下，株高不到1 m就开花。说明短日照诱导烟草开花。

经过100多年的观察研究知道，有一些植物需要长日照诱导开花，如小麦、大麦、甘蓝、萝卜、白菜及木本植物桂花；有些植物相反，需要短日照诱导开花，如水稻、玉米、大豆、烟草、大麻、秋菊。也有一些植物在长日照与短日照下都能开花，对日照长短没有要求。称之为中性植物。还有一些特殊品种呈中性，如蔷薇（*Rosa chinensis* Jacq.），就有一些称为“月月开”的品种，一年四季都在开花；桂花中的品种“月月桂”，也呈中性。

1918年德国植物学家 Gustav Gaßner在冬黑麦的试验中发现苗期要经过低温才能开花，但春性黑麦不需要经过低温就可以开花。1925年苏联乌克兰农业试验站的工作人员 Трофим Денисович Лысеко把催芽后的冬小麦经低温处理后春播，可以像春小麦一样抽穗结实。他把这种低温处理叫春化处理。说明冬性小麦要经过一个低温诱变阶段才能接受长日照的诱导形成花，才能开花结实。这个阶段后来被命名为春化阶段，这种低温作用称为春化（vernalization）作用。而春性小麦的遗传特性与冬小麦不同，它不需要低温诱变就可以在长日照下开花结实。Лысеко 的这个研究是作为一种农业技术的研究，而不是作为植物生理科学来研究。

对于 Т.Д.Лысеко，笔者不得不离开正题多说几句题外话。有文献说他连外国语言文字都不懂，对于这样的贬义，笔者不知道是真是假。不过他认为春化后的小麦的遗传性已由冬性变成了春性，认为“获得性可以遗传”，以及阶段发育不可逆。这些论点显然不符合客观实际。20世纪以来，众多客观实验已充分证实：外在诱因只有改变了细胞内去氧核糖核酸的碱基排列才能造成遗传性的改变，获得性是不能遗传的。前面看到的苤蓝在花茎上重新长出第1发育形态阶段的球茎的实验，充分说明发育阶段是可以逆转的。我们不认同 Лысеко的“米丘林遗传学”的谬论，但是植物有温期阶段、有春化作用是客观存在的，不会因否定 Лысеко的这些“谬论”就把他发现的客观真实存在的事实也一概否定。

前面已经谈到，在美国马里兰州美国农业部Beltsville农业试验站工作的农学家W. W. Garner 与 Allard，于1920年与1923年，在*Journal of Agricultural Research* 发表两篇文章，报道了他们对烟草（*Nicotiana tabacum* L.）的一个栽培品种 Maryland Mammoth 的试验观察。在夏季露地种植的这种烟草，植株可长到3 ~ 5m，但只长叶子不开花，且到了秋季露地气温低不能生存。如将一些植株移入温室，秋冬天气日照变短，则能开花结果。另外，在温室里新播的同一品种，生长到株高1m左右就很快开花、结果。两者不同的是日照长短，马里兰州的夏季日照时数在14h以上，秋冬季温室内的日照时数不到14h。因此，他们确定Maryland Mammoth是一个短日照植物。在夏季长日照环境里，进行人工遮光也可以使它开花结果。从而肯定了植物开花要通过光期的生理转变。

1933—1937年，苏联植物生理学家M. Ch. Čajlachjan与他的合作研究者C. R. Alexandrovskaja，以及C. R. Jarkovaja在苏联科学院院报上连续发表八篇文章，论述他们的试验及他们的总结与推论。他们以菊花（*Dendranthema morifolium*）与紫苏（*Perilla nankinensis*）为材料进行遮光试验，得出14点结论。总的来说，套袋遮光的短日照处理（10h光照）与不套袋遮光的长日照处理（光照10h以上），即叶片套袋、茎端不套袋，茎端能形成花。反之，茎端套袋处于短日照状态，叶片不套袋处于长日照状态，茎端不开花。由此得出结论，短日照诱导叶片产生一种激素，流入茎端促使茎端生长点转变形成花。但是茎端不能产生这种激素。他们把这种激素命名为"florigen"。

在以苍耳（*Xanthium aibiricum* Patrin.）为材料的嫁接遮光试验，验证了几株茎秆嫁接连接在一起的苍耳，只要其中1株的叶片遮光进行短日照处理后产生的诱导开花的物质，可以流向其他植株而促使未进行短日照处理的植株也开花。

看来叶片在光照处理下的确产生了诱导开花的物质。但是直至今日，还未有人提取得到过这种"florigen"。相关植物生理的实验，实际得到的是：吲哚乙酸、赤霉酸以及类似动物体内的雌性与雄性激素的甾类化合物如谷甾醇与豆甾醇、FT蛋白，都在成花生理上起作用。这些植物生理的问题，让植物生理学家去探讨吧。我们要想知道的是同一个植物体上，不同的生长点，也就是不同部位的新生节轴，为什么有的会发育成花器，而另一些却仍然是发育成叶片，成为营养枝。

例如木兰科的木兰（*Magnolia denudata* Desr.）是枝端的顶芽转化成花，而白玉兰（*Michelia alba* DC.）却是腋芽成花。又如桃树[*Prunus persica*（L.）Batsch]，其枝端的顶芽与枝上的腋芽都是叶芽，只有果枝中部叶腋叶芽两侧的侧芽才演化成花芽。这些差异是如何形成的，有人会说"这是因为它们有不同的遗传特性"，或者更貌似"科学"地说"它们的DNA不同"。是，它们的DNA分子上的碱基对排列不同。但是这些DNA的不同碱基对如何表达造成各个不同部位的新生节轴发生不同生理形态的各自不同的演化，仍然是没有答案的问题！科学上对这个问题仍然是未知。

还有在青藏高原常见的蓼科的珠芽蓼（*Polygonum viviparum* L.），它的穗状花序的中下部形成花芽部位的生长点却转化成为一个珠芽，也就是以一个茎秆贮存的营养物质形成一小圆球形的叶芽，成为无性繁殖器官。这一现象也可以在高原上的一种赖草*Leymus psudoracemosus* C. Yen et J. L. Yang及*Leymus ramosus*（Trin.）Tzvelev的穗上看到。在这些赖草的穗上，本来是形成花的生长点转化成小叶芽，落地生根成为无性繁殖株。相似的小苗也可以在百合科的吊兰[*Chlorophytum comosum*（Thunb.）Jacques]花序上看到。它们的高发育阶段的生理差异全都解除，又回复到第1发育形态阶段。

无论开花受精后形成种子中的小胚芽也好，或者是像苤蓝花茎上新生的球茎也好，这些节轴的生理状态又回复到了第1发育形态阶段，所有因外因诱变的温期与光期的生理转变都被解除，那些外因诱导产生的激素也被消除。遗传物质一直没有变，还是那些DNA，DNA上还是那些碱基对，还是那样的排列。周而复始，一代一代地循环。当然这也是演化选择下形成的遗传机制的规律。

另外还有一个问题，从前述实验的结果来看，植物要在外因诱导下才使生理产物发生变化，导致发育阶段发生变化，器官的形态与性质也相应发生变化。如节轴构成的叶裂从子叶变成真叶，从不同的真叶变成不同的花器、到种子以及无性繁殖的珠芽或幼苗，温期、光期、各个生理发育阶段似乎是必不可少的。但是也看到小麦有不同的品种，从强冬性、冬性、半冬性、春性到强春性感温的变异。从第1形态阶段到第2形态阶段的发育需要低温进行春化，也可不需要低温进行春化。典型的短日照植物菊花，也有在5月长日照下就开花的品种。短日照植物桂花（*Osmanthus fragrans* Lour.），在四川农业大学雅安校园内广为栽培。它本来就是原产我国西南，在雅安附近的邛崃山区就有野生。校园内的这些桂花也都是实生苗，遗传性变异很大，花色从白色、白黄色、黄红色到深红黄色，几乎株株不相同。不同株从7月到10月陆续开花。一些品种一年四季开花不停，人称“月月桂”。看来日照长与短的诱导也是可有可无的。

在所有的木本被子植物中，无论哪个科、哪个属、哪个种，都有两种长势不同的枝，即旺盛生长的长枝与长势不旺盛的细小旁枝。它们都处于相同的温期与日照下，旺盛生长的长枝上的分生组织大多数不会转化成花，花的转化大都发生在长势不旺盛的细小旁枝上。有人把前者称为徒长枝，把后者称为短果枝。在四川有一种菊花叫“碧玉”，也有人称之为“绿菊”，在它花瓣的细胞中含有叶绿体，因此花呈绿白色。这个品种对氮肥非常敏感，稍微多一些它就不开花，一直生长在只长绿叶的营养性生长状态中。如果把这种营养性生长状态中的枝条采下进行无性扦插繁殖在氮肥不多的土壤中，在秋季它同样会开出绿白色的花来。在这两种实例中，C/N比的效应比温期与光期的效应还大一些。

在低等植物中，如角苔（*Anthoceros laevis* L.）有性世代单倍体的绿色叶状体上产生的精子器中的精子，与颈卵器中的卵细胞受精形成二倍体世代的细胞，经分裂形成的细胞团向两极增生，一极与颈卵器底部接合吸收叶状体提供的水与营养物质，另一极向上生长成轴状构造，成为一个节轴。节轴上端内部细胞进行减数分裂形成多数单倍体的四分孢子，节轴上端也就成为孢子囊。成熟的孢子囊开裂成两瓣，散出有性的单倍体孢子，再发育成二代的叶状体。这就是角苔一生的循环。它的无性世代两极生长的轴状构造，也就是植物体最初呈现的节轴。

角苔孢蒴营养性生长，蒴瓣变成为叶裂，专司光合营养功能的叶裂，高等植物的雏形就此建立。叶裂内新生节轴的增生构成形形色色的高等植物的器官。在生存中因选择而演化，外因诱导内在生理的变异，逐步形成不同而又相互衔接发育阶段。从孢子或种子萌发到孢子或种子再形成，循环生长发育一生又一生。遗传性相同的节轴在不同的生理状况下发育成不同形态与功能的器官，完成一生的阶段循环。一代一代的植物能够生生不息，虽然对人类来说建成各类器官的生理机制目前还没有清晰地了解，有待进一步的研究，正如前面只能提出一些问题。然而，节轴上端叶裂构成的叶性器官有一个循序演变，发展到被子植物高级如从子叶、基生叶、各种茎生叶、花萼、花瓣、雄蕊、雌蕊、珠被到珠心，形态发生巨大差异，功能各不相同，却完成一个生殖循环。它们的这些变异是在自然选择下适者生存，保存下来的DNA突变组合构成的染色体组在外在生态环境中的循序生存表达，从而使这个物种（染色体基因组）得以繁衍。这里阐述的就是这样一些生存在世的高等植物它们的器官是如何建成的。

农业生产就是生产一定高等植物的器官，改进这些高等植物的器官的质与量，使之更符合人类生产的目的，这就是植物育种。从科学研究的角度来看，更确切地来说，它是高等植物经济畸态学（Economic Phyto-Teratology）。不了解这些高等植物器官构建的基本单元及其演变规律，进行育种的规划与选育途径的确立，多少带有盲目性，也就是常说的“碰运气”。碰运气是不行的，必须按客观规律、科学技术来实践，才能得到确切的成果。现有的科学知识已经可以指导我们的工作，未知的客观规律需要去探讨研究，只有这样，我们的工作才可能有进一步的发展。科学知识来自于实践的对比分析，而不是虚幻的臆想，还有许多未知科学知识需要研究。

第三节 理想株型——新型品种的器官设计

农作物品种是按人类的需要从天然野生植物变异体中选择而来，而不是按植物自身的需要，也就是说，不是按有利于植物本身的变异来进行的选择。例如前面多次谈到的球叶甘蓝与大白菜，人们喜爱食其相互卷合、内层、不见光而变得柔嫩白化好吃的叶片。但如果没有人为的帮助，用刀将其卷合的叶片切开，它连花都无法开得出来。对植物本身来说，是不利于其自身的畸态。因此，大多数栽培作物品种都是畸态植物。当然也有人类的需要与植物本身生存需要是相一致的，但与植物原本器官及其发育形态有所不同，因而也不同于原生态野生植物。人们对农作物的需求，绝大多数是它们的个别器官，而不是所有器官。例如：萝卜是根，马铃薯是块茎，白菜是叶，花椰菜是畸态的花序，桃、李是果皮，芝麻、花生是种子，小麦、水稻是带果皮的种子。与原生态相比较，它们都是一些畸态器官，只是一些与原生态差异大，一些差异小。植物育种学可以把它看成是研究植物畸态器官的经济畸态学。

澳大利亚的C. M. Donald（1966、1968）在育种学上提出“ideotype”（理想型）这样一个名词。他在1986年澳大利亚堪培拉召开的“第三届国际小麦遗传学会议”（Third International Wheat Genetics Symposium）上发表一篇题为*The design of a wheat ideotype*的论文。在同一年的*Euphytica*上又以*The breeding of crop ideotypes* 为题发表一篇18页的长文来阐述他的“理想型”的见解。他在第三届国际小麦遗传学会上的论文题目提得好：*The design of a wheat ideotype*，“design”——设计，应用已知“知识”按人的经济需求进行技术设计。也就是在选育农作物品种时对它的器官进行最佳化设计，即设计理想型。他对小麦的器官进行设计有哪些思考呢？他说：“农作物理想型，无论什么种，从作物群体而发生的一些性状，都有一些共有的特性。”也就是：

（1）农作物是单一种群体。这与自然植物群体或牧草群体不同，自然植物群体与牧草群体都是多物种构成的。

（2）在农作物群体中所有植株的基因型都是相同或相似的，因此农作物个体的相互竞争不同于不同物种间与不同遗传型间的竞争。

（3）由于农作物群体内的植株承受强烈的生长所需条件的竞争，所以群体单株产量低于单株栽培的植株产量（低10% ~ 20%，或更低）。

（4）在现代农业中，在重施肥情况下一定获得高产。

（5）如果农作物生产条件都已得到改良，农作物的生长更多地依赖作物利用光的最高效率。高产作物在雨量丰富或灌溉条件下就取决于光的利用。

（6）除饲料作物外，一般作物只有一部分器官具有重要利用价值。栽培作物的人并不对干物质产量多少感兴趣，而只关注其产品及经济价值。

从Donald上述叙述及他在这篇文章中所设计的小麦理想株型图（图109）来看，他强调农作物应当考虑遗传性一致或近似的群体关系，这是正确的。在小麦群体中，无论小麦品种本身的遗传性分蘖能力有多强，正常群体中高产的小麦植株只有一个正常的穗加一个发育差的较小的穗。从产量上来看，就是一个半穗。独秆是一个有利的构造，在禾本科农作物中有许多是独秆畸态型。这是人类长期在无意识选择中挑选出来的高产好品种，无论是谷子、高粱、玉米，好品种都是独秆。Donald在他的设计图上标明要有“高比率的种子根”，这显然是错误的，与植物器官结构的基础知识不符。小麦的种子根是定数，从图68中就可以看到只可能有6条。其他的根是从分蘖节上生长出来的，即使是这6条小麦的“种子根”也是在颖果的胚芽鞘节上生长出来的次生根。真正的种子根，即第1节轴的下端，已演化成为胚根鞘从而失去了根的作用。其他禾本科独秆作物品种都有分蘖节以上、近地节上生长出来的大量强壮的支撑根（supporting roots）。通常，小麦植株上是没有的。没有支撑根的独秆作物会因具较为沉重的独秆与大穗发生倒伏。因此，在人类无意识选择玉米、高粱、谷子高产品种的同时选择出独秆，也选择出支撑根，只是支撑根的重要性Donald没有认识到。

笔者对独秆小麦研究了几十年，最早于1952—1960年连续8年对人工除去分蘖的小麦与大麦的独秆植株进行观察试验。试验结果曾经以《去蘖处理的研究I. 连续世代去蘖处理对小麦与大麦的作用》为题发表于1963年的《遗传学集刊》第5期。试验的结果是独秆形成的同时，引起吲哚乙酸、赤霉酸等物质的剂量改变，从而引起器官结构的改变。去蘖处理的小麦与大麦在拔节期、株高、叶长与叶宽、叶色、茎粗、穗部形态、千粒重及粗蛋白含量等经济性状方面发生显著改变，特别是叶片变得又长又宽，比正常叶片宽1倍、长

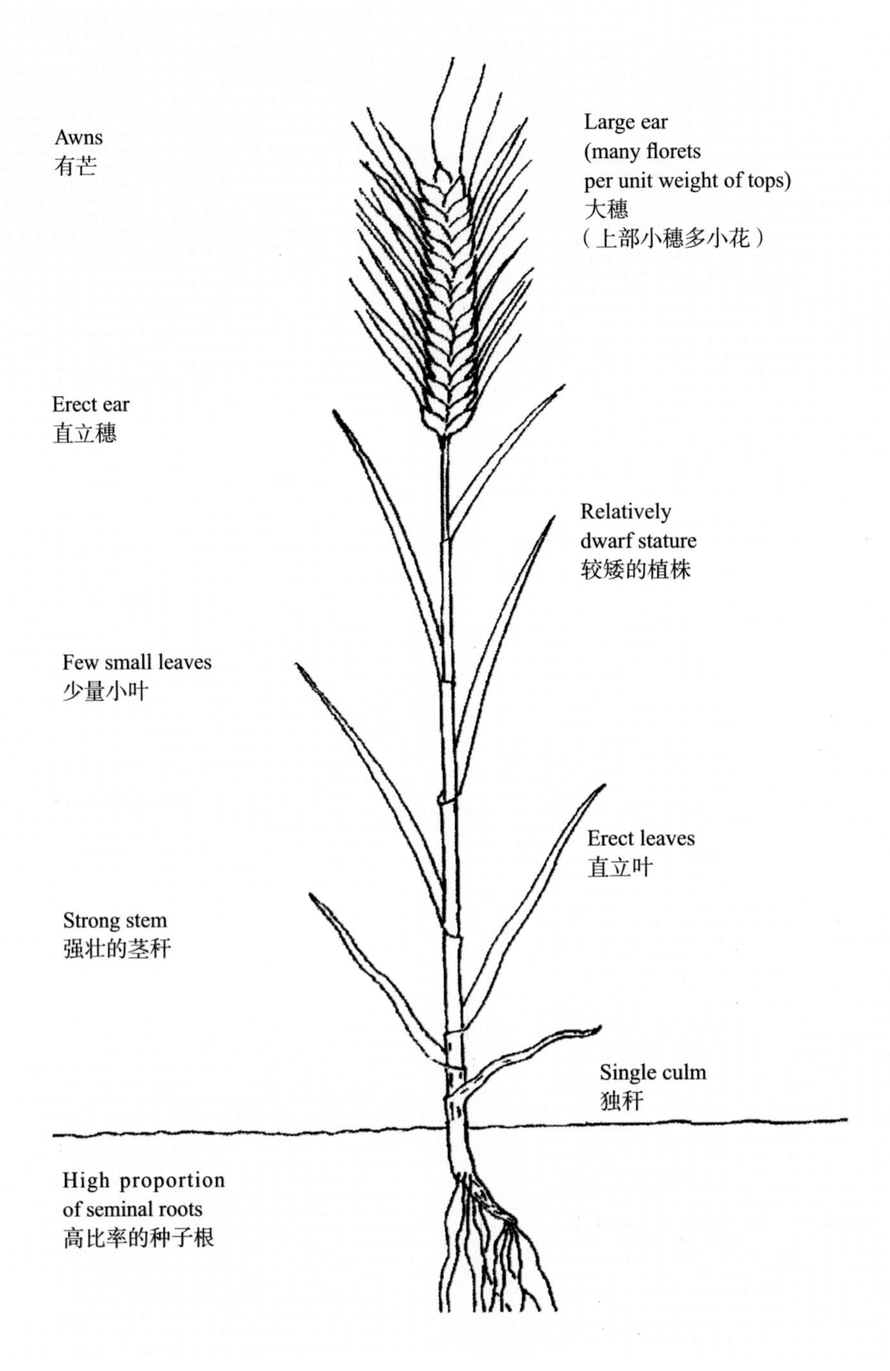

图109　小麦理想株型的设计
（Donald，1968）

1倍，叶色深黑绿色。籽粒虽然变大，千粒重增加，但是灌浆不良，淀粉含量低，麦粒不饱满，相对造成粗蛋白比例增加的假象。连续世代去蘖形成的这些改变的麦粒经播种不再去蘖，这些变异全都消失，不能遗传。

借鉴其他独秆禾本科作物的实例来看，选育具有支撑根、独秆、叶片较小、籽粒灌浆良好的小麦基因型是有可能的。从20世纪60年代起，笔者就注意选育，同时也做了一些有关理想型小麦的试验分析研究。独秆小麦的突变群体在20世纪70年代就获得（图110），遗传性稳定的两种大穗材料（分枝穗与多小穗）在50 ~ 80年代也陆续获得，同时进行了多年的观察试验分析。独秆小麦的遗传突变型虽然选得，但是小叶问题没有解决。这些独秆突变植株与人工去蘖植株相似，吲哚乙酸与赤霉酸含量高，导致营养性生长旺盛，叶片又长又宽。同时灌浆不良，形成瘪粒。另外，支撑根虽然在个别独秆植株上出现，但数量少，尚不足以支撑独秆小麦不倒伏。参考其他独秆禾本科植物，有可能选育出具有大量支撑根、叶片较小、灌浆正常的独秆小麦品种。

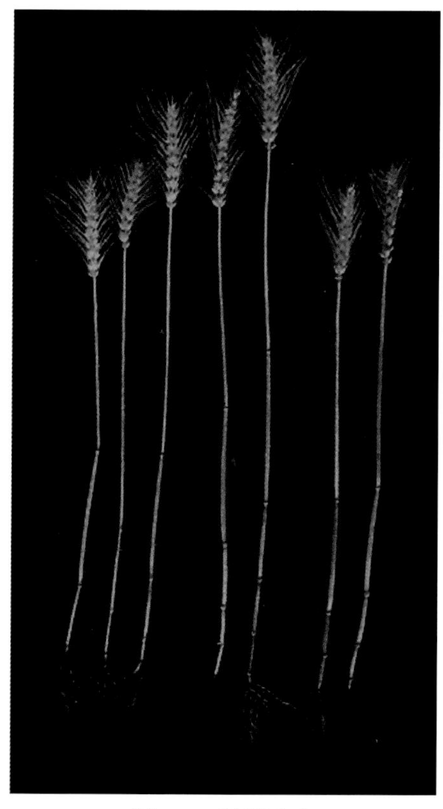

图110　独秆小麦

粒重已基本上解决，目前已获得千粒重在50g以上的材料。粒多的问题，也做过一些试验探讨。1965年，在《遗传学集刊》第6集上，发表了一篇题为《论普通小麦穗形结构的发育遗传》的研究报告。在这篇报告中总结了笔者在1956—1963年8年间对普通小麦增加粒数的一些器官结构的试验分析，得到以下结论：

（1）任何小麦在其所要求的特定条件下都可以表现出穗分枝性；穗分枝性不是由特殊的隐性分枝基因“bh”所决定；不同遗传性的小麦形成分枝穗所要求的条件不同。

（2）遗传性与性状表现的关系可归结如下：

①不同的遗传性可能在不同的环境条件下表现出相同的性状。

②相同的遗传性可能在不同的环境条件下表现出不同的性状。

③性状表现相同，遗传性不一定相同。

④性状表现不相同，遗传性可能相同。

（3）穗分枝性、多小穗性与多花多实性都是第3发育形态阶段持续时间较长所形成的，它们之间的差异除发育形态阶段持续时间有不同外，其第2级穗轴的节轴增生速度也是重要的决定因素。它们在形态上差异虽然很大，但从发育遗传上来看则差异很小。

（4）研究人员选育分枝普通小麦不是去寻找“bh”基因的载体，而是选育在当地栽培条件下能较早进入第3发育形态阶段，却迟迟不能进入第4发育形态阶段的材料。

（5）具有分枝穗的原始材料，即表明它是一种在该栽培条件下第3发育形态阶段特别长的生态类型，以它作为亲本材料就有可能获得各种穗大粒多类型。例如分枝穗、不分枝多小穗型、多花小穗型等。

按第3发育形态阶段长的选育方案，笔者在20世纪50 ~ 60年代从骊英3号中选育出稳定的分枝穗变种，它代表第3发育形态阶段长的材料，也就是它的遗传基因在四川的栽培条件下表现出第3发育形态阶段长的特性。用它与丰收（阿尔巴尼亚半春性品种）杂交，得到了多小穗麦穗变异的材料。变异材料的小穗可达28 ~ 32个，比通常麦穗多6 ~ 10个（图111-2）。笔者等也得到多个稳定的穗分枝的普通小麦变种，它们选自品种成都光头麦[中国春（Chinese spring）]（图111-1）、中农483与中农28。从这些材料中研究人员也得到一些多花多实小穗的小麦材料，小穗的结实数由通常的3 ~ 4粒提高到8 ~ 9粒（图111-3、4）。

1

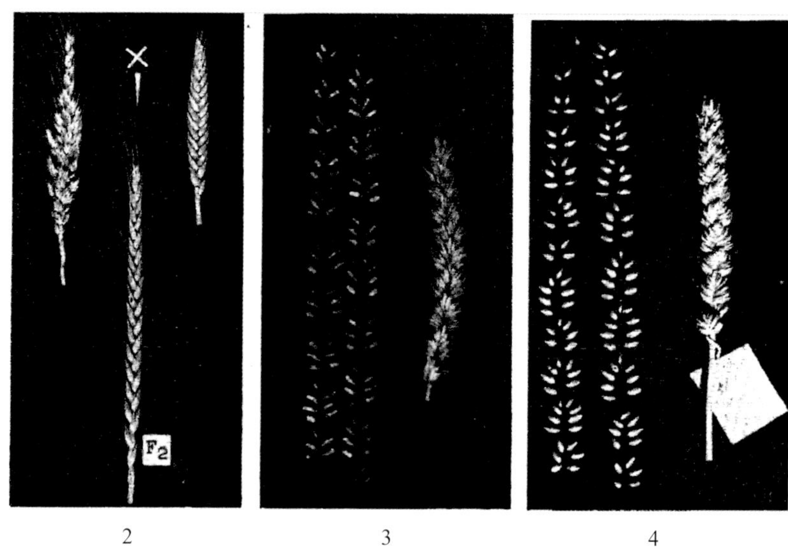

2　　3　　4

图111　第3形态发育阶段长的六倍体普通小麦构成的穗形构造

1. 成都光头分枝麦　2. 骊英3号分枝麦 × 丰收亲本及F_2中出现的多小穗变异　3. [分枝成都光头 ×（南大2419 × 中农483）F_2] F_4中出现的多花多实小穗变异，麦粒取出按原次序排列　4.（x -1 × 51麦）F_1 ×（中农483分枝麦 × 成都光头分枝麦）F_1中出现的多花多实小穗变异，麦粒取出按原次序排列

经过近40多年的观察与试验分析，笔者认为采用分枝穗与多花多实小穗来增加粒数以获得高产株型的设计方案，可行性很小。在中国河南就有一个地方小麦品种名为河南佛手麦，它是四倍体的圆锥小麦的一个分枝穗品种，分枝稳定，穗大、小穗多、粒多，但是粒小，产量并不高。笔者等选育出来的分枝普通小麦，也同样表现穗大、小穗多、粒多，但是粒小，产量同样不高，增产的是颖壳、穗轴、小穗轴。多花多实小穗类型方案也行不通。粒重是有所增加，但是小穗下部与上部小花所结的籽粒大小相差很大。因而加工

后小粒造成麸皮过多，商品价值降低。

理想的穗型应当是不分枝的多小穗麦穗，小穗只结实两粒，像黑麦的穗型结构，这样就可以达到粒多、粒大、粒重、籽粒均匀的效果。在西藏的地方品种中，笔者发现一个小穗只结两粒小麦的变异材料，但它的小穗不多，从而粒数不多，单穗粒重未能得到增加。

根据作者的观察试验，在四川春性冬麦区，小麦的理想株型应当是：有支撑根的独秆，小型近直立的叶片，具28 ~ 32个小穗，每小穗只是下部两小花结实，千粒重50 ~ 60g，含有优质面粉基因，高抗三种锈病与白粉病。在黄河流域冬性冬麦区，苗期需要抗寒，需要强冬性小麦。独秆是不是理想株型，又需进一步研究。

经检测，小麦小穗粒数多少是受6A、1B、4B、6B、2D、4D与4A或5A染色体上的不完全显性基因所控制。郑有良（1992）的研究认为，被测系的1B、6B和4D染色体上含有控制小穗粒数前人未发现的新基因。因此在四川春性冬麦区，小麦小穗只结实两粒的种质资源是存在的，它受哪些基因控制目前虽然还不清楚，但并不妨碍小穗只含两颗麦粒的品种的选育。

在禾本科农作物中，有不少是独秆类群，如玉米（*Zea mays* L.）、高粱（*Sorghuum vulgare* Pers.）、谷子 [*Setaria italica*（L.）Beauv.] 都是独秆，分蘖受抑制。然而它们的一些品种常有分蘖发生，近缘野生类型都是有分蘖的。但它们的独秆栽培品种却没有在独秆小麦中见到的赤霉酸、吲哚乙酸过量，引起叶片增大，淀粉灌浆不良，麦粒干瘪的问题。它们也有大量支持根，使独秆不倒。这些实例都对独秆小麦的选育前景有正面的启示。

例如玉米，它也是器官结构改变最大的栽培作物，理想株型选育的典范。它的野生种与近缘植物应当是中美洲的一年生大刍草 [*Zea mays* subsp. *parviglumis* H. H. Iltis et Doebley]（图112）；*Zea mays* subsp. *mixicana*（Schrad.）H. H. Iltis] 以及多年生大刍草（*Zea diploperennis* H. H. Iltis，Doebley et R. Guzmän）。从遗传学的分析研究结果来看，玉米与一年生与多年生大刍草都含10对染色体，核型相同，F_1杂种呈现10对二价体，只是有一些不是环形的，仅有一臂相连的开放二价体。说明玉米与大刍草的染色体的差别只是亚型差别，是同一个染色体组型，它们是同一个种。把多年生的大刍草另定为一个种，称之为 *Zea diploperennis* H. H. Iltis，Doebley et R. Guzmän 显然也是错误的。把 *Zea mays* subsp. *parviglumis* H. H. Iltis et Doebley 与 *Zea mays* subsp. *mixicana*（Schrad.）H. H. Iltis 定为亚种也值得商榷。不过，在这里只是研讨器官建造，不是分析研究分类系统，因此仅指出问题，不再作详细分析研究。

玉米与大刍草的器官最大的差异是雌花序。雌性圆锥花序含成对的雌花小穗的支穗以（4 ～）8 ～ 18（～ 30）行密集生长，合成一个穗轴，构成棒状的花序。最接近大刍草的现代玉米品种是在中国云南西双版纳发现的“四行糯”（图113），它只有雌花四行。也就是把大刍草的每节上的单生小穗上下节位的两个小花聚合发育成为成对的小花，每小穗构成成对的颖果，与不同节位的对位小穗在穗轴上构成四行。小穗颖片与内外稃都退化成短膜，颖果裸露。雌花穗轴下的侧枝茎秆，节间聚合缩短，形成雌穗下的短柄。短柄节上的叶片退化，叶鞘包合雌花序构成特殊的玉米苞叶构型。大刍草有大量分蘖，可达80 ～ 90个。大刍草叶片与顶生的雄性圆锥花序与玉米十分相近似，雌花序生长在茎秆中部腋生分枝上。四行糯与墨西哥Tehuacán发现的7 000年前最古老的玉米穗（图114-A -2）一样，已如前述，雌花序下的枝秆退化缩短构成雌花序短柄，花序柄节上的叶片构成包裹雌花序的苞叶，包裹着裸粒的颖果穗。一个特殊畸态的玉米苞就这样形成。

四行糯可能是远古起源于美洲，经太平洋岛屿、东南亚，传播到中国云南南部的原始玉米栽培种，这种原始玉米在美洲早已消失。这也符合原始类型总是出现在品种传播的边缘，与包壳六倍体小麦在西藏、云南发现的规律是一致的。因为品种起源后向四方传播，远离中心的边缘还是新传入品种时，起源中

图112　*Zea mays* var. *parviglumis*（H. H. Iltis et Doebley）C. Yen
（颜旸摄）

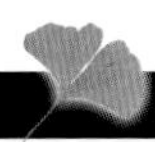

C

图113 四行糯

A. 腋生雌花序，示苞叶包裹外观 B. 除去苞叶的四行糯雌果序与多行近等长的普通玉米果序对比 C. B图四行糯与多行普通玉米果序的横切面，示颖果行数

（刘坚摄）

心的古老品种已被更新品种替换，古老品种仅在传播区的边缘还有残存。有人把四行糯在云南的出现认为玉米起源于云南，也有人因为在云南与西藏发现包壳六倍体小麦就认为云南与西藏是六倍体小麦起源地显然是错误的。因为在云南没有玉米的近缘野生种存在，在西藏没有合成六倍体小麦的亲缘种存在。

多分蘖的大刍草突变成独秆的玉米，并未出现叶片变得过于畸形肥大、灌浆不饱满的问题。说明小麦也有可能获得器官形态与生理都正常的独秆突变类型。

大刍草与玉米的花序基本型为圆锥花穗，具有多数分枝穗。雌花序与雄花序基础是相同的。雄花序的几个分枝的下部有时会长出雌花，并且会结出一些玉米粒。在雌果穗的顶端，有时也会长出一小段雄花序。在雌花序（玉米棒子）基部或顶端也常长出几个分枝雌花序。这些畸态都说明了它们的圆锥花序的本质。玉米由基础的4行，演变成多行，实际上是多个圆锥雌花序的初生枝穗间发生了蹼连与聚合。玉米果穗的多行颖果实质上是由多个雌花序分枝愈合在一起构成的，因此玉米颖果穗也会在基部与顶端出现再分枝的畸态。常态的玉米，对大刍草来说就是具有很高经济价值的畸态。多行玉米的

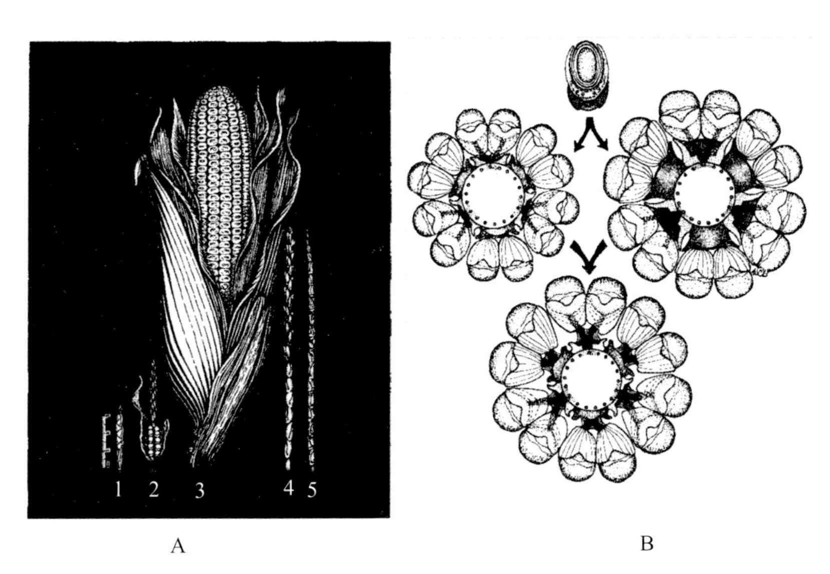

图114 玉米及其近缘植物穗（A）与两个连接节横切面显示的两条家化路线（B）

A. 玉米及其近缘植物穗：1. *Teosinte*；2. 墨西哥Tehuacán发现的7 000年前最古老的玉米穗；3. 现代马齿玉米穗；4. *Tripsacum*；5. *Manisuris* B. 两个连接节横切面显示两条家化路线：从大刍草果形起始（顶上中央）一条路线是颖壳退化（左），多见于南美洲。与它不同的路线是花梗伸长（右），多见于北美洲。综合型（下面中央）具有退化颖壳与伸长花梗，见于多行玉米果穗

（引自W. C. Galinat，1971）

构建基础是大刍草的圆锥花序多个分枝的蹼连与聚合，它的颖果行数基础是4行，也就是一个分枝。正常构建是4行、8行、12行、16行、20行、24行、28行、32行，其他行数都应当是小花退化或支穗上一侧小穗的二列小花退化造成的。因为一个圆锥花序分枝有两列小穗，一个小穗具有两朵结实小花。一片禾本科植物的叶，已如前述，是由多个节轴构建而成，一个小穗更是由多数节轴构成。颖果也不例外。次生节轴是构建各种器官的基础单体，它们在DNA的碱基对排列的信息引导下，产生的酶调控生理机制使次生节轴变形构建成各种各样的器官。把各种各样的器官简单归结为遗传成对的基因是重要的遗传学研究，但是不了解次生节轴的构建机制是不可能了解器官本身及其演化的机制与途径。它是另一个层面的知识。正如前述，有人把小麦穗分枝简单归结为一对“bh”隐性基因所控制的性状显然是不对的。不同遗传基因的小麦在不同外在条件下可以形成相似的分枝穗是客观存在的事实。只有依据发育生理与发育形态学的科学知识才能清楚认识这个客观存在的真实现象。遗传分析是20世纪的新兴生物科学知识，也是19世纪以前生物科学中所缺的知识，它是发展中的生物科学的重要组成部分。发育生理与发育形态学的科学知识也是应用技术设计学科——育种学不可或缺的知识。

结　论

总结以上客观存在的实例，可以归纳如下：

（1）高等植物的器官是由再生的一个一个的次生节轴演变构成。一个节轴向两极生长延伸，上端进行光合作用扩大受光面而膨大造成中空，进一步破裂而成为叶裂。叶由节轴上段裂展构成。第1个节轴不开裂的下段向下生长成为胚根，它与以上次生节轴下段联合构成茎。茎由第1节轴以上的连续次生节轴下段联合组成，它是一种次生构造。节轴的两极生长，与下一节轴相连接的组织是它的下端分生组织，是处于分生状态的极尖也就是次生节轴的下端生长点，也是在高等植物中普遍存在的居间分生组织（intercalary meristem）。居间分生组织在高等植物中的普遍存在，也反过来证明高等植物的茎秆原本不是一个整体构造，而是由多个次生节轴的下端联合组成。第1次生节轴的下段构成下胚轴，它的下端生长点构成根尖。

（2）节轴上端开裂，可以是：单裂，如蕨类、种子植物中的单子叶植物；双裂，如石松、卷柏、银杏、柏、麻黄、百岁兰、种子植物中的双子叶植物；多裂，如木贼、松。

（3）叶裂上再生节轴从而构成复合叶。复合叶可以是单叶，也可以是羽状复叶或掌状复叶。复合叶上的新生节轴可以发展成珠芽或枝（如番茄），但其最基部的叶柄通常是裂轴构造（最下面一个节轴的叶裂）。在某些特殊复合叶中，叶柄由叶裂上再萌生的次生节轴构成，它可能是一个不开裂的轴（节轴的下段），如菜豆、豌豆的叶柄。

（4）单裂节轴形成互生叶序：单裂节轴形成互生叶序两叶节间不伸长，也可以说节间退化而使两叶聚合，节间消失而形成次生性的对生叶序，例如薯蓣茎蔓上偶尔出现的对生叶。

双裂节轴形成对生叶序：双裂节轴形成对生叶序的叶裂由于不均等生长与发育，一叶裂先成熟不再伸长，而另一叶裂仍处于分生伸长状态，从而造成一叶裂上升构成互生叶序，上下节位的节轴连续的不均等生长在茎秆的各个层面因为各叶裂发育大小不同形成面积差，如果面积差的夹角大于90°、小于180°，就使上下叶裂在纵轴上呈现旋转。如果上位节轴先成熟叶裂在下位节轴先成熟叶裂的左面，则造成互生叶序左旋；在右则呈右旋。叶序便可以演变成为左旋或右旋互生。旋转互生叶序因节间聚合消失，也可构成轮生状态。如果面积差夹角达180°，则使上下节轴叶裂呈对位互生，如蚕豆与豌豆。对生叶序也可能因为相对一叶退化消失而构成互生叶序，如悬铃木。

叶裂多裂形成轮生叶序：例如木贼、松的子叶与多裂的松针。

（5）节轴间发生蹼连（webbing）与聚合（aggregation）是客观存在的两种生长方式。但它不是顶枝学说所臆造的“顶枝”间的生长方式，而是节轴间的生长方式。常见的轮生花器与复合叶的形成，都是由这样的生长方式构建而成。旋转的互生叶可以聚合成为五叶轮生或六叶轮生，再演变为五出花器与六出花器。二裂对生的叶裂可以因上下两个节轴的叶裂聚合而演变成为四出花器，叶裂间的蹼连可以使离瓣成为合瓣。

（6）维管束是生长素等生理活性物质引变的次生输导与支撑构造，是次生性组织。各个节轴的维管束相互连接构成茎秆的中柱与叶脉系统，它们看起来是一个统一的整体，但不是原生性的而是次生性的。实际上是多个节轴相互连接后，各个节轴的次生维管束相互连接构成次生性的整体。茎秆也好，复合叶也好，主根系也好，都是如此。

（7）茎秆是次生节轴下段相互连接的联合体，是次生构造。由于节轴的两极生长，下端虽然与下一节轴相连接，但常在一段时期保持其极尖的初生分生状态，从而构成通常称为居间分生组织的构造。

由于维管束分化滞后，多节轴的居间分生组织与居间组织的聚合构成一团粗大旺盛分裂的居间组织基团，由它发育演化成为柱状的茎秆，蕨类植物的桫椤、裸子植物的苏铁、单子叶植物的棕榈的柱状茎秆都是这样构成的。禾本科高大粗壮的竹茎秆也是这样构成的。

裸子植物的松、杉、柏与银杏，以及双子叶植物的乔木与灌木，它们的维管束分化在茎秆中构成一环，由居间分生组织演变来的形成层向内分生木质部，向外分生韧皮部。由于形成层长期保持分生状态，木质部与韧皮部不断新生积累可以形成巨大的乔木。如美国加利福尼亚州的红杉[*Sempervirens*（Lamb.）Endl.]，可以高达百米以上，干径可达4 ~ 5m。

（8）叶裂的显著性与茎秆的节段性，掩盖了它们的轴性起源，导致错误的茎叶节学说的产生。

（9）原始的苔类二倍体无性世代的轴性构造，以及高等植物多级次生节轴相互愈合形成一个整体构造的次生性茎秆，从而掩盖了茎秆原有的分段性。加上叶裂退化消失的*Rhynia major* Kidston et Lang的“原始性”假象，以及茎秆整体性的误认，从而导致顶枝学派错误观点的形成。

（10）由多个节轴构成的不同植物器官具有各自的不同的形态与构造，具有各自不同的功能。它们在植物体上组成一个循序渐进不同发育形态阶段，一代又一代地生殖循环。这些循序渐进的不同发育形态阶段是在外因（温差、不同日长、不同营养物质）诱导与内在生化物质变化下形成的。虽然它们细胞内的遗传物质DNA没有变，但在外因与内因诱导生理变化下形成不同的表达，各个循序的发育形态阶段器官的生长，完成一代个体的生殖循环。从第1形态发育阶段逐步循序进入高级别的发育形态阶段；各种营养器官到各种生殖器官；重新形成的有性孢子结合成为新生的无性世代的幼苗或种子，或珠芽，或无性繁殖苗，回复到第1发育形态阶段，解除了高级别的形态发育阶段的生理机制。但是，至今人类的科学研究还没有完全弄清楚高等植物的各个发育阶段的器官建成的生理机制的细节。有待后人更深入的研究。

（11）总结高等植物器官结构的建成，叶是由节轴上端开裂形成，包括叶裂上再生的次生节轴的叶裂蹼连构成的复合叶。节轴上端开裂形成的叶裂的裂轴内腔再生的次生节轴上端开裂形成上位叶裂的同时，下端与下位节轴的下端联合构成茎秆。新的叶裂与茎秆来自节轴开裂的内腔次生节轴。根是节轴下端生长组织不断生长延伸形成，支根是节轴次生性的维管束组成的中柱外生不开裂的次生节轴构成。花器，包括果实与下一世代的种子以及无性繁殖的珠芽或与之相当的繁殖小苗，都是次生节轴在一定生理变化下构成的变形。引起变形发生的生理机制是发育生理学的研究范畴。

（12）不同的植物器官对人类具有不同的经济价值，农产品不是农作物的全部器官而是特定的器官，因此不同畸态化的器官产生不同的经济价值。畸变因遗传物质去氧核糖核酸的四种碱基对的突变而产生，人类因自身的经济需求而对畸态突变加以人工选择、培养、保留，从而形成经人工选育器官畸态化的栽培品种。作为技术学科的作物育种学，它最重要的理论基础就是：遗传学+植物经济畸态学。

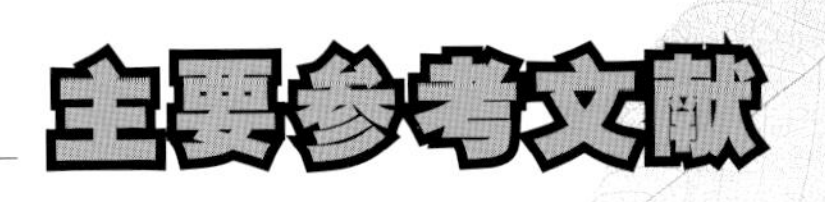

主要参考文献

池野成一郎，1947. 植物系统学：下册[M]. 罗宗洛，译. 上海：商务印书馆.

颜济，1957. 从一批畸态材料论十字花科长角果的构成[J]. 植物学报，6（3）：250-267.

郑有良，颜济，杨俊良，1992. 小麦穗粒数的染色体效应研究[J]. 四川农业大学学报，10（2）：210-214.

____，1958, 芸薹属长角果形态的新见解[J]. 植物学报，8（4）：271-277.

____，1964. 去蘖处理的研究 I. 连续世代去蘖处理对小麦与大麦的作用[J]. 遗传学集刊（5）：14-25.

____，1965. 论普通小麦穗形结构的发育遗传[J]. 遗传学集刊（6）：115-129.

Куперман Ф М, 1953. 小麦栽培生物学基础[M]. 夏镇澳，蔡可兰，译. 北京：科学出版社.

Arnold C A, 1947. Interoduction to Paleobotany[M]. New York: McGraw – Hill.

Bohlin K H, 1901. Utkast till de gröne algernas och arkegoniaternas fylogeni[M]. Almquist & Wiksell. Uppsala.

Bower F O, 1884. On the comparative morphology of the leaf in the vascular cryptogams and gymnosperms[J]. Phil. Trans. Roy. Soc. London, 175. Part 2: 565-615.

____, 1908. The origin of land flora[M]. London: MacMillan.

____, 1935. Primitive land plant[M]. London: MacMillan.

Campbell D H, 1899. Lectures on the evolution of plants[M], New York: MacMillan.

____, 1924. Self-sustaining sporophytes of Bryophyta[J]. Ann. Bot. 38: 473-482.

Čajlachjan M Ch, 1937. Concerning the hormonal nature of plant development processes. Comptes Rendus（Doklady）de l'Académie des Sciences de l'URSS, Volume XVI, No 4.: 227-230.

Čelakovský L J, 1901.Die Gliederung der Kaulome[J]. Botanische Zeitung, 59（1）: 79-144.

Church A H, 1919. Thalassiophyta and the subaerial transmigration[M]. London: Oxford Univ. Press.

Donald C M, 1968. The design of a wheat ideotype[J]. Proceed. of Third Intern. Wheat Genet. Symp. Canberra, Ausstralia. 377-387.

____, 1968. The breeding of ideotype[J]. Euphytica, 17（2）: 385-403.

Fritsch F E, 1916. Origin of Pteridphyta[J]. New Phytol. 15: 233-250.

Galinat C Walton, 1971. The origin of maiaze[J]. Ann. Rev, of Genetics, 5: 447-478.

Gamus G, 1949. Recherchs sur le role des bourgeons dans les phénomènes de morphogénèse[J]. Rev. Cytol. Paris, 11: 1-199.

Garner W W and H A Allard, 1920. Effect of the relative length of day and night and other facters of the ebvironment on growth and reproduction in plant[J]. J. Agricul. Res., 18: 553-606.

____, 1923. Futher studies in photoperiodism, the response of the plant to the relative length of day and night[J]. J. Agricul. Res., 23: 871-920.

Gaßner J G, 1918. Beiträge zur physiologischen Charakyeristik sommer- und winteraanueller

Gewächse insbesondere der Getreidepflanzen[J]. Zeitschr. Botanik. X: 417-480.

Gaudichaud – Beaupré M C, 1841. Voy.Bonite, Bot.[J], Vol. 3. Mém. de l' Acad. Des Sciences. Paris.

Goethe, Johan Wolfgang von, 1790. Versuch die Metamorphose der Pflanzen zu erkiären[M]. Gotha: Carl Wilhelm Ettinger.

Hofmeister, Wilhelm Friederich Benedict, 1851. Vergleichende Untersuchungen der Keimung. Entfaltung und Fruchtbildung höherer Kryptogamen (Moose. Ferrn, Euisetaceen, Rhizocorpeen und Lycopcdiaceen) und der Samenbildung der Coniferen[M]. Leipzig: Verlag von Fridrich Hofmeister.

Huang G and C Yen, 1988. Studies on the developmental genetics of multiple spikelet per spike in wheat[J]. Seventh Intern. Wheat Genet. Symp. Vol. 1: 527-532.

Krüger, Marcus Solomonides, 1841. Bibliographia botanica[M]. Heude und Spenersche Buchhandlung. Berlin.

Lang W H, 1931. On the spines sporangia and spores of *Psilophyton* princeps shown in specimens from Gaspe[J]. Phil. Trans. Roy. Soc. London, Ser. B, 219: 421-442.

Lignier O, 1903. Origin of Pteridophyta[M]. Bull. Soc. Linn. Normandie, 5 ser, 7: 93.

____, 1908. Essai sur l' evolution morphologique du regne vegetal. Congras de l' Association Francaise pour l' avancement des Sciences, Comptes rendus, 53-62.

Lotsy J P, 1909. Vorträge über botanische Stammesgeschichte[M]. Bd. 2. Verlag Gustav Fischer. Jena.

Sachs J, 1865. Wirkung des lichtes auf die blütenbilding unter bermitthung der laubblät-ter[J]. Bot. Zig. 23: 117-121, 125-131, 133-139.

Schultz C H, 1843. Dei Anaphytose oder Verjüngung der Pflanzen[M]. Berlin: Verlag von August Hirschwald.

Scott D H, 1900. Studies in fossil botany[M]. London: Adam and Charles Black.

Smith, Gilbert M, 1955. Cryptogamic Botany[M]. New York and London: Volume II. Ed. II, McGraw-Hill.

Saunders, Edith R, 1922. The leaf-skin theory of stem[J]. Annals of Botany, 36: 135-165.

Torrey, G. and K. V. Thimann, 1972. On the beginnings of modern studies of plant morphogenesis: A tribute to Ralph G[J]. Wetmore' s contributions. Bot. Gaz. 133 (3) : 199-206.

Wetmore R H, S Soeokin, 1955. On the differentiation of xylem[J]. J. Arnold Arboretum, 36: 305-317.

Velenovsky, Josef, 1905. Vergleichende Mprphologie der Pflanzen[M]. Vol. I. Prag: Verlagsbu-chhandlung von Fr. Rivnáé.

____, 1913. Vergleichende Mprphologie der Pflanzen[M]. Vol. 4. Prag: Verlagsbu-chhandlung von Fr. Rivnáé.

Yen C J L Yang, 1992. The essential nature of organs in Gramineae, multiple secondary axes theory – A new concept[J]. J. Sichuan Agric. Univ. 10 (4) : 537-565.

Yen C, Y L Zheng, J L Yang, 1993. An ideotype for high yield breeding, in theory and practice[J]. Eighth Intern. Wheat Genet. Symp. Vol. 2: 1113-1117.

Zimmermann W, 1930. Die Phylogenie der Pfkanzen[M]. Jena: Verlag von Gustav Fischer.

____, 1938. Die Telomtheoti[J]. Der Biologe. 7 (12) : 385 - 390.

图书在版编目（CIP）数据

高等植物器官结构的建成：多级次生节轴学说／颜济著．—北京：中国农业出版社，2017.6
“十三五”国家重点图书出版规划项目
ISBN 978-7-109-22791-0

Ⅰ．①高⋯ Ⅱ．①颜⋯ Ⅲ．①高等植物－植物器官－研究 Ⅳ．①Q949.405

中国版本图书馆CIP数据核字（2017）第046218号

中国农业出版社出版
（北京市朝阳区麦子店街18号楼）
（邮政编码 100125）
责任编辑 孟令洋 郭晨茜

北京通州皇家印刷厂印刷 新华书店北京发行所发行
2017年6月第1版 2017年6月北京第1次印刷

开本：700mm × 1000mm 1/16 印张：9.25
字数：250 千字
定价：150.00 元
（凡本版图书出现印刷、装订错误，请向出版社发行部调换）